普通高等教育电气工程、自动化（工程应用型）系列教材

电气控制与三菱 FX5U PLC 应用技术

主　编　徐　智
参　编　杜逸鸣　王　川　朱仕文　焦玉成
　　　　王　欣　路　明　俞　娟　黄　捷

机械工业出版社

本书共 11 章，第 1 章介绍了常用低压电器的基本概念和原理；第 2 章介绍了电动机基本控制电路及其设计方法；第 3 章介绍了 PLC 基础知识、PLC 的硬件组成、工作原理等；第 4 章介绍了 PLC 基本指令系统与编程经验和技巧；第 5 章介绍了三菱 PLC 的基础应用，PLC 控制系统的一般设计方法及常用编程方法；第 6 章介绍了顺序控制，结合案例介绍如何确定顺序控制的各步以及如何使用顺序控制指令实现各步的功能；第 7 章介绍了三菱 FX5U PLC 内置模拟量输入和输出端口原理以及在项目中的具体应用；第 8 章结合项目讲解三菱 FX5U PLC 高速计数器功能及其应用；第 9 章结合项目讲解三菱 FX5U PLC 过程控制原理，并举例说明 PID 指令在电炉温度闭环控制系统中的应用；第 10 章讲解了步进电机、交流伺服电动机和直流电动机的基本概念及工作原理，介绍了 PLC 脉冲输出指令、脉宽调制指令的应用，实现对这几种电机的调速控制；第 11 章讲解了三菱 FX5U PLC 的通信原理以及具体的应用。这些实例都具有代表性、应用广泛性和热门性，读者通过学习，完全可以根据实际需要，对实例进行适当修改，用于自己的系统设计中。

本书可作为普通高等院校自动化、电气、机械、电子信息等相关专业的电气控制技术课程的教材或参考书，本科类教学一般为 48 学时，高职类教学一般为 36 学时，也可作为广大电气工程技术人员学习电气控制技术的参考书。本书配有电子课件，欢迎选用本书作教材的教师登录 www.cmpedu.com 注册下载，或加微信 13910750469 索取。

图书在版编目（CIP）数据

电气控制与三菱 FX5U PLC 应用技术/徐智主编．—北京：机械工业出版社，2023.3（2025.1 重印）

普通高等教育电气工程、自动化（工程应用型）系列教材

ISBN 978-7-111-72605-0

Ⅰ.①电… Ⅱ.①徐… Ⅲ.①电气控制-高等学校-教材 ②PLC 技术-高等学校-教材 Ⅳ.①TM571.2 ②TM571.61

中国国家版本馆 CIP 数据核字（2023）第 027513 号

机械工业出版社（北京市百万庄大街 22 号 邮政编码 100037）
策划编辑：吉 玲 责任编辑：吉 玲
责任校对：陈 越 李 杉 封面设计：张 静
责任印制：单爱军
北京虎彩文化传播有限公司印刷
2025 年 1 月第 1 版第 4 次印刷
184mm×260mm·14.5 印张·376 千字
标准书号：ISBN 978-7-111-72605-0
定价：49.00 元

电话服务 网络服务
客服电话：010-88361066 机 工 官 网：www.cmpbook.com
010-88379833 机 工 官 博：weibo.com/cmp1952
010-68326294 金 书 网：www.golden-book.com
封底无防伪标均为盗版 机工教育服务网：www.cmpedu.com

前 言

当代社会，电气控制已成为各个行业不可或缺的技术，尤其是计算机技术的日益发展，为电气控制提供了强有力的技术支持。可编程序控制器（PLC）是一种以微处理器为基础的新型工业控制装置，它集计算机技术、自动控制技术、通信技术于一体，具有结构简单，性能优越，可靠性高，使用、维护方便等优点。因此，PLC已广泛应用于电力、机械制造、化工、汽车、钢铁、建筑等各行各业。随着电子技术、计算机技术及自动化技术的迅猛发展，PLC技术的发展也越来越快，世界各国生产PLC的厂家，几乎年年在推出新的PLC产品，PLC的功能也越来越强，除完成常规的开关量、模拟量控制功能外，又增加了许多特殊功能模块、通信及网络功能模块等。

本书以核心的实用技术为主线，介绍了电气控制中常用电器元件的基础知识，三相异步电动机的基本继电控制电路，FX5U PLC的结构、工作原理、指令系统、编程、特殊功能模块、通信及应用实例，及PLC控制系统设计等内容。本书图文并茂、由浅入深、案例丰富，为读者搭建了一条循序渐进学习电气控制技术的路线：电气识图基础-低压电器元件-继电控制-PLC-触摸屏-模拟量控制-高速计数器-过程控制-运动控制-网络通信等电气控制系统综合应用。

在编写本书时力求做到以点带面、力求创新、便于教学、体现应用、理论联系实际。在案例讲解中为了使读者更好地理解和深刻地把握相关知识，并在此基础上，训练和培养实际动手能力以及分析、解决实际工程问题的能力，采用项目化编写模式，将企业典型、实用、操作性强的工程项目引入本书，充分发挥行动导向教学的示范辐射作用，力求做到易学、易懂、易上手，达到提高读者兴趣和学习效率的目的，帮助读者夯实基础、提高水平，最终达到从工程角度灵活使用电气控制技术的目的。

本书可作为普通高等院校自动化、电气、机械、电子信息等相关专业的电气控制技术课程的教材或参考书，本科类教学一般为48学时，高职类教学一般为36学时，也可作为广大电气工程技术人员学习电气控制技术的参考书。

本书编写分工如下：徐智编写了第1、4、6、7章及第2、3、8章的部分内容，王川编写了第2、5章的部分内容，焦玉成编写了第3、5章的部分内容，杜逸鸣和黄捷编写了第8章的部分内容，朱仕文、路明和俞娟编写了第9、10章，王欣编写了第11章。全书由徐智统稿。

本书由南京工程学院郁汉琪教授审稿，他提出了许多宝贵的意见和建议，三菱电机自动化（上海）有限公司为本书的编写提供了大量资料，在此表示衷心的感谢。由于编者水平有限和时间仓促，不足和疏漏之处在所难免，敬请读者批评指正。

作 者

目 录

第1章

常用低压电器

本章导读

根据外界特定的信号和要求,自动或手动接通和断开电路,断续或连续地改变电路参数,实现对电路或非电现象的切换、控制、保护、检测和调节的电气设备均称为电器。电器在输配电系统、电力拖动和自动控制系统中,均起着极其重要的作用。它广泛应用于电能的生产,电力的输送与分配,电气网络和电气设备的控制、保护,电路参数的检测和调节,非电现象的转换等。工作在额定电压为交流1200V、直流1500V及以下的电器为低压电器。

本章主要介绍电力拖动及自动控制系统中的一些常用低压电器以及低压电器元件选择。

1.1 低压电器的基本知识

低压电器按它在电气线路中的地位和作用可分为低压配电电器和低压控制电器两大类。低压配电电器主要有刀开关、转换开关、熔断器和自动开关等。低压控制电器主要有接触器、继电器和主令电器等。低压电器通常指工作在额定电压为交流1200V、直流1500V以下电路中的电器。

1.1.1 常用低压电器的分类

低压电器的用途广泛、职能多样,因而品种规格繁多,构造及工作原理各异,有多种分类方法。

1. 按用途或控制对象分类

低压电器按它在电气线路中的地位和作用可分为低压配电电器和低压控制电器两大类。低压配电电器主要有刀开关、转换开关、熔断器和低压断路器等。低压控制电器主要有接触器、继电器和主令电器等。

2. 按动作方式分类

1)自动切换电器:依靠本身参数的变化或外来信号的作用,自动完成接通或分断等动作。

2)非自动切换电器:主要是用手直接操作来进行切换。

3. 按执行功能分类

1)有触点电器:有可分离的动触头和静触头组成的触点,利用触点的闭合或断开来实现电路的通断。

2)无触点电器:没有触点,主要利用晶闸管的开关效应,即导通或截止来实现电路的通断。

1.1.2 低压电器产品标准

低压电器产品标准内容通常包括产品的用途、适用范围、环境条件、技术性能要求、试验项目和方法、包装运输的要求等，它是制造厂制造和用户验收的依据。

低压电器标准按内容性质可分为基础标准、专业标准和产品标准三大类，按批准标准的级别则分国家标准、行业标准和企业标准三级。

1.1.3 低压电器的常用术语

低压电器的常用术语有：

1）闭合时间：开关电器从闭合操作开始瞬间起到所有极的触点都闭合瞬间为止的时间间隔。

2）断开时间：开关电器从断开操作开始瞬间起到所有极的触点都断开瞬间为止的时间间隔。

3）通断时间：从电流开始在开关电器一个极流过瞬间起到所有极的电弧最终熄灭瞬间为止的时间间隔。

4）分断能力：电器在规定的条件下，能在给定的电压下分断的预期分断电流值。

5）接通能力：开关电器在规定的条件下，能在给定的电压下接通的预期接通电流值。

6）通断能力：开关电器在规定的条件下，能在给定的电压下接通和分断的预期电流值。

7）操作频率：开关电器在每小时内可能实现的最高操作循环次数。

8）通电持续率：电器的有载时间和工作周期之比，常以百分数表示。

1.1.4 低压电器的主要技术参数

低压电器的主要技术参数有：

1）额定电压：在规定的条件下，能保证电器正常工作的电压值，通常指触点的额定电压值。对于电磁式电器还规定了电磁线圈的额定工作电压。

2）额定电流：在额定电压、额定频率和额定工作制下所允许通过的电流。它与使用类别、触点寿命、防护等级等因素有关，同一开关可以对应不同使用条件下规定的不同工作电流。

3）使用类别：有关操作条件的规定组合，通常用额定电压和额定电流的倍数及其相应的功率因数或时间常数等来表征电器额定通、断能力的类别。

4）通断能力：包括接通能力和断开能力，以非正常负载时接通和断开的电流值来衡量。接通能力指开关闭合不会造成触点熔焊的能力；断开能力指断开时能可靠灭弧的能力。

5）寿命：包括电寿命和机械寿命。电寿命是电器在所规定使用条件下不需修理或更换零件的操作次数；机械寿命是电器在无电流情况下能操作的次数。

1.2 低压断路器

低压断路器俗称自动开关，按极数可分为单极、两极和三极，按保护形式可分为电磁脱扣器式、热脱扣器式、复式脱扣器式和无脱扣器式，按全分断时间可分为一般式和快速式

（先于脱扣机构动作，脱扣时间在 0.02s 以内），按结构型式可分为塑壳式、框架式、限流式、直流快速式、灭磁式和漏电保护式。

低压断路器的工作原理如图 1-1 所示。低压断路器的主触点是靠手动操作或电动合闸的。主触点 1 闭合后，自由脱扣机构 2 将主触点锁在合闸位置上。过电流脱扣器 3 的线圈和热脱扣器 5 的热元件与主电路串联，欠电压脱扣器 6 的线圈和电源并联。当电路发生短路或严重过载时，过电流脱扣器的衔铁吸合，使自由脱扣机构动作，主触点断开主电路。当电路过载时，热脱扣器的热元件发热使双金属片向上弯曲，推动自由脱扣机构动作。当电路欠电压时，欠电压脱扣器的衔铁释放，使自由脱扣机构动作。分励脱扣器 4 则作为远距离控制用，在正常工作时，其线圈是断电的，在需要远距离控制时，按下停止按钮 7，使线圈通电，衔铁带动自由脱扣机构动作，使主触点断开。

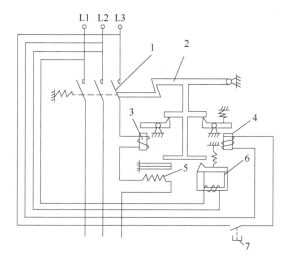

1—主触点　2—自由脱扣机构　3—过电流脱扣器　4—分励脱扣器
5—热脱扣器　6—欠电压脱扣器　7—停止按钮

图 1-1　低压断路器原理示意图

低压断路器的一般选用原则为：

① 断路器额定电流≥负载工作电流；

② 断路器额定电压≥电源和负载的额定电压；

③ 断路器脱扣器额定电流≥负载工作电流；

④ 断路器极限通断能力≥电路最大短路电流；

⑤ 线路末端单相对地短路电流/断路器瞬时（或短路时）脱扣器整定电流≥1.25；

⑥ 断路器欠电压脱扣器额定电压＝线路额定电压。

断路器的额定电流在 600A 以下，且短路电流不大时，可选用塑壳式断路器；额定电流较大，短路电流亦较大时，应选用万能式断路器。图 1-2 为一种常用的小型三极低压断路器。

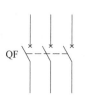

a) 图形和文字符号

b) 实物示例

图 1-2　小型三极低压断路器

1.3　熔断器

熔断器是低压配电系统和电力拖动系统中的保护电器。在使用时，熔断器串接在所保护的电路中，当该电路发生短路或严重过载故障时，通过熔断器的电流达到或超过了某一规定值，以其自身产生的热量使熔体熔断而自动切断电路，起到保护作用。电气设备的电流保护有两种主要形式：过载延时保护和短路瞬时保护。过载一般是指 10 倍额定电流以下的过电流，短路则是指 10 倍额定电流以上的过电流。但应注意，过载保护和短路保护决不仅是电流倍数的不同，实际上无论从特性方面、参数方面还是工作原理方面来看，差异都很大。

a）熔断器符号　　　b）熔断器实物图

图 1-3　熔断器

熔断器其实就是一种短路保护器，广泛用于配电系统和控制系统，主要进行短路保护或严重过载保护。图 1-3 为一种常用的低压熔断器。

熔断器的主要技术参数包括额定电压、熔体额定电流、熔断器额定电流、极限分断能力等。额定电压是指保证熔断器能长期正常工作的电压；熔体额定电流是指熔体长期通过而不会熔断的电流；熔断器额定电流是指保证熔断器能长期正常工作的电流；极限分断能力是指熔断器在额定电压下所能开断的最大短路电流。

熔断器和熔体用于不同的负载时，其选择方法也不同，只有经过正确的选用，才能起到应有的保护作用。

1. 熔断器的选择

选择熔断器时，需要考虑以下条件：

1）熔断器的额定电压必须等于或高于线路的额定电压。

2）熔断器的额定电流必须等于或大于所装熔体的额定电流。

一般情况应按上述选择熔断器的额定电流，但是有时熔断器的额定电流可选大一级的，也可选小一级的。例如，60A 的熔体，既可选 60A 的熔断器，也可选用 100A 的熔断器，此时可按电路是否常有小倍数过载来确定，若常有小倍数过载情况，则应选用大一级的熔断器，以免其温升过高。

3）熔断器的分断能力应大于电路可能出现的最大短路电流。

4）熔断器在电路中上、下两级的配合应有利于实现选择性保护。

为实现选择性保护，并且考虑到熔断器保护特性的误差，在通过相同电流时，电路中上一级熔断器的熔断时间应为下一级熔断器的 3 倍以上。当上下级采用同一型号熔断器，其电流等级以相差两级为宜。如果采用不同型号的熔断器，则应根据保护特性曲线上给出的熔断时间选取。

2. 熔体额定电流的选择

熔体额定电流依据以下条件进行选择：

1）对于负载电流比较平稳，没有冲击电流的短路保护，熔体的额定电流应等于或稍大于负载的工作电流，如一般照明或电阻炉负载。

2）对于一台不经常起动而且起动时间不长的电动机的短路保护，则

$$I_{RN} = \frac{I_{ST}}{2.5 \sim 3}(A)$$

式中，I_{RN} 是熔体的额定电流，单位为 A；I_{ST} 是电动机的起动电流，单位为 A。

3）对于一台经常起动或起动时间较长的电动机的短路保护，则

$$I_{RN} = \frac{I_{ST}}{1.6 \sim 2}(A)$$

4）对于多台电动机的短路保护，则

$$I_{RN} = \frac{I_{STmax}}{2.5 \sim 3} + \sum I_N(A)$$

式中，I_{STmax} 是额定功率最大的一台电动机的起动电流，单位为 A；$\sum I_N$ 是其余电动机的额定电流之和，单位为 A。

若电动机的容量较大，而实际负载又较小时，熔体额定电流可适当选小些，小到以起动时熔体不熔断为准。

1.4 接触器

接触器是用来可频繁地遥控接通或断开交直流主电路及大容量控制电路的自动控制电器。它不同于刀开关类手动切换电器，因为它具有手动切换电器所不能实现的遥控功能；它也不同于低压断路器，因为它虽然具有一定的断流能力，但却不具备短路和过载保护功能。接触器在电力拖动和自动控制系统中，主要控制对象是电动机，也可用于控制电热设备、电焊机、电容器组等其他负载。接触器不仅仅能遥控通断电路，还具有欠电压和零电压释放保护、操作频率高、工作可靠、性能稳定，使用寿命长和维护方便等优点。交流接触器如图 1-4 所示。

1. 接触器的结构

以交流接触器为例，它由电磁机构、触点系统、灭弧系统、反力装置、支架和底座等几部分组成。

（1）电磁机构

电磁机构由电磁线圈、静铁心和衔铁（动铁心）组成。电磁机构的功能是操作触点的闭合和断开。

（2）触点系统

触点是接触器的执行元件，用来接通或断开被控制电路。触点系统包括主触点、辅助触点和传动机构、触头弹簧等。

1）主触点：用于通断电流较大的主电路。

2）辅助触点：用于接通或断开控制电路，只能通过较小的电流。

按触点的原始状态可分为常开触点和常闭触点：原始状态（即线圈未通电）断开，线圈通电后闭合的触点叫常开触点；原始状态闭合，线圈通电后断开的触点叫常闭触点（线圈断电后所有触点复原）。

（3）灭弧系统

容量在 10A 或 20A 以上的接触器都有灭弧装置，常采用纵缝灭弧罩及栅片灭弧装置。

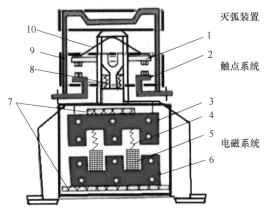

1—动触点 2—静触点 3—衔铁（动铁心） 4—弹簧 5—线圈
6—静铁心 7—垫毡 8—触点弹簧 9—灭弧罩 10—触点压力弹簧

a）结构示意图

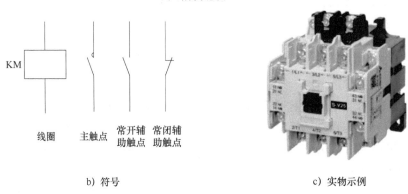

b）符号   c）实物示例

图 1-4 交流接触器

（4）反力装置

反力装置包括弹簧、传动机构等。

（5）支架和底座

支架和底座用于接触器的固定和安装。

2. 接触器的工作原理

线圈通电后，衔铁吸合，常闭触点断开，常开触点闭合；线圈电压消失，触点恢复常态。为防止铁心振动，需在铁心的端面上嵌加短路环。

3. 接触器的选择

随使用场合及控制对象不同，接触器的操作条件与工作繁重程度也不同，为了尽可能经济地、正确地选用接触器，必须对控制对象的工作状况及接触器性能有比较全面的了解，不能仅看产品的铭牌数据，因为接触器铭牌上所规定的电压、电流、控制功率等参数，为某一使用条件下的额定值，选用时应根据使用条件正确选择。

（1）选择接触器的类型

通常，先根据接触器所控制的电动机及负载电流类别来选择相应的接触器类型，即交流负载应使用交流接触器，直流负载应使用直流接触器；如果控制系统中主要是交流电动机，而直流电动机或直流负载的容量比较小时，也可全用交流接触器进行控制，但是触点的额定电流应适当选择大一些。

（2）选择接触器主触点的额定电压

通常选择接触器主触点的额定电压应大于或等于负载回路的额定电压。

（3）选择接触器主触点的额定电流

①接触器控制电阻性负载（如电热设备）时，主触点的额定电流应等于负载的工作电流；②接触器控制电动机时，主触点的额定电流应大于或稍大于电动机的额定电流；③可根据所控制电动机的最大功率查表进行选择；④接触器如使用在频繁起动、制动和频繁正反转的场合时，容量应增大一倍以上去选择。

（4）选择接触器吸引线圈的电压

交流线圈：24V，48V，100V，120V，127V，220V，230V，380V，400V，440V，500V；
直流线圈：24V，48V，100V，110V，125V，200V，220V，440V。

选用时一般交流负载用交流吸引线圈的接触器，直流负载用直流吸引线圈的接触器，但交流负载频繁动作时，可采用直流吸引线圈的接触器。

接触器吸引线圈电压若从人身和设备安全角度考虑，可选择低一些；但当控制电路简单、线圈功率较小时，为了节省变压器，则可选用220V或380V。

（5）选择接触器的触点数量及触点类型

通常选择接触器的触点数量应满足控制支路数的要求；触点的类型应满足控制电路的功能要求。

1.5 继电器

继电器是一种根据电量（如电压、电流）或非电量（如转速、时间、温度等）的变化，接通或断开控制电路，实现自动控制和保护电力拖动装置的电器。

继电器一般不用来直接控制较强电流的主电路，主要用于反应控制信号，因此与接触器比较，继电器触点的分断能力很弱，一般不设灭弧装置。

继电器的种类较多，其工作原理和结构也各不相同，但就一般来说，继电器是由承受机构、中间机构和执行机构三大部分组成的。承受机构反应接入继电器的输入量，并传递给中间机构，将它与额定的整定值进行比较，当达到额定值时（过量或欠量），中间机构就使执行机构中的触点动作，产生输出量，从而接通或断开被控电路。

根据继电器在控制电路中的重要性，要求继电器具有反应灵敏、动作准确、切换迅速、工作可靠、结构简单、体积小、质量小等特点。

继电器的分类有若干种方法，按输入信号的性质分为电压继电器、电流继电器、速度继电器、压力继电器等，按工作原理分为电磁式继电器、感应式继电器、热继电器、晶体管式继电器等，按输出形式分为有触点和无触点两类。

1.5.1 中间继电器

中间继电器是将一个输入信号变成一个或多个输出信号的继电器，它的输入信号是线圈的通电和断电，它的输出信号是触点的动作，不同动作状态的触点分别将信号传给几个元件或回路。

中间继电器的基本结构及工作原理与接触器完全相同，故称为接触式继电器，所不同的是中间继电器的触点个数较多，并且没有主、辅之分，各触点允许通过的电流大小是相同的，其额定电流一般为 5A。中间继电器如图 1-5 所示。

中间继电器的主要用途有两个：

1）当电压或电流继电器触点容量不够时，可借助中间继电器来控制，用中间继电器作为执行元件，这时中间继电器可被看成是一级放大器。

2）当继电器或接触器触点数量不够时，可利用中间继电器来切换多条电路。

中间继电器的主要依据被控制电路的电压等级，以及所需触点的数量、种类、容量等要求来选择。

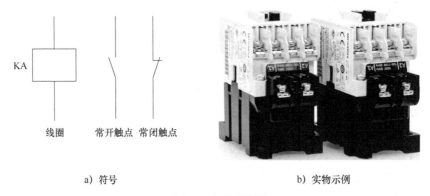

　　a）符号　　　　　　　　　　　　b）实物示例

图 1-5　中间继电器

1.5.2　电流继电器

根据电流大小而动作的继电器称为电流继电器。电流继电器的线圈串联在被测量的电路中，此时继电器所反映的是电路中电流的变化，为使串入电流继电器的线圈后不影响电路正常工作，所以电流继电器的线圈匝数要少、导线要粗、阻抗要小，只有这样线圈的功率损耗才小。

根据实际应用的要求，电流继电器可分为过电流继电器和欠电流继电器，如图 1-6 所示。

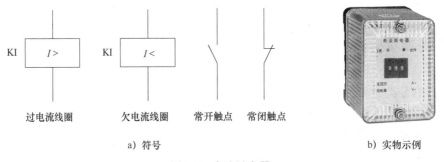

　过电流线圈　　欠电流线圈　　常开触点　常闭触点

　　a）符号　　　　　　　　　　　　b）实物示例

图 1-6　电流继电器

过电流继电器在正常工作时，线圈通过的电流在额定值范围内，它所产生的电磁吸力不足以克服反作用弹簧的反作用力，故衔铁不动作。当通过线圈的电流超过某一整定值时，电磁吸力大于反作用弹簧拉力，吸引衔铁动作，于是常闭触点断开，常开触点闭合。有的过电流继电器带有手动复位机构，它的作用是：当过电流时，继电器动作，衔铁被吸合，但当电流再减小甚至到零时，衔铁也不会自动返回，只有当故障得到处理后，采用手动复位机构，松开锁扣装置后衔铁才会在复位弹簧作用下返回原始状态，从而避免重复过电流事故的发生。

过电流继电器主要用于频繁起动和重载起动的场合，作为电动机或主电路的过载和短路保护。一般交流过电流继电器调整在（110%~400%）I_e（I_e为继电器线圈的额定电流）动作，直流过电流继电器调整在（70%~300%）I_e动作。

在选用过电流继电器时，小容量直流电动机和绕线式异步电动机，其线圈的额定电流一般可按电动机长期工作的额定电流来选择；对于频繁起动的电动机，考虑到起动电流在继电器线圈中的发热效应，继电器线圈的额定电流可选大一级。

欠电流继电器在通过线圈的电流降低到某一整定值时，继电器衔铁被释放，所以欠电流继电器在电路电流正常时，衔铁吸合。欠电流继电器的吸合电流为线圈额定电流的30%~65%，释放电流为额定电流的10%~20%。因此，当继电器线圈电流降低到额定电流的10%~20%时，继电器即动作，给出信号，使控制电路作出应有的反应。

电流继电器的动作值与释放值可用调整反力弹簧的方法来整定。旋紧弹簧，反作用力增大，吸合电流和释放电流都提高；反之，旋松弹簧，反作用力减小，吸合电流和释放电流都降低。另外，调整夹在铁心柱与衔铁吸合端面之间的非磁性垫片的厚度也能改变继电器的释放电流，垫片越厚，磁路的气隙和磁阻就越大，与此相应，产生同样吸力所需的磁动势也越大，当然，释放电流也要大些。

1.5.3 电压继电器

根据电压高低而动作的继电器称为电压继电器。交流电压继电器的线圈并联在被测量的电路中，此时继电器所反映的是电路中电压的变化。电压继电器的电磁机构及工作原理与接触器类同。

根据实际应用的要求，电压继电器有过电压、欠电压、零电压继电器之分，如图1-7所示。过电压继电器在电压超过规定电压高限时，衔铁吸合，一般动作电压为（105%~120%）U_e（U_e为继电器线圈的额定电压）以上时对电路进行过电压保护；欠电压继电器在电压不足于所规定的电压低限时，衔铁释放，一般动作电压为（40%~70%）U_e以下时对电路进行欠电压保护；零电压继电器在电压降低到接近零时，衔铁释放，一般动作电压为（10%~35%）U_e时对电路进行零电压保护。具体的吸合电压及释放电压值的调整，应根据需要决定。

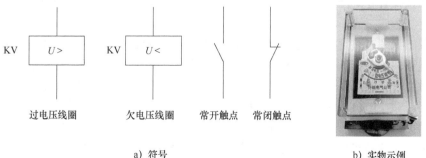

KV	$U>$		KV	$U<$			
过电压线圈			欠电压线圈			常开触点	常闭触点

a) 符号　　　　　　　　　　　　　　　　b) 实物示例

图1-7 电压继电器

过电压继电器选择的参数主要是额定电压与动作电压,其动作电压可按系统额定电压的1.1~1.5 倍整定;常用一般电磁式继电器或小型接触器来充当欠电压继电器,其选用只要满足一般条件即可,对释放电压无特殊要求。

1.5.4 热继电器

热继电器是利用电流的热效应来推动动作机构使触点闭合或分断的保护电器,主要用于电动机的过载保护、断相保护、电流不平衡运行的保护及其他电气设备发热状态的控制。热继电器如图 1-8 所示。

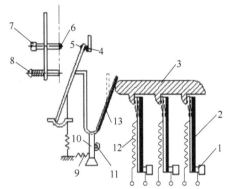

1—接线端子 2—主双金属片 3—导板 4—常闭触点 5—动触点
6—常开触点 7—复位调节旋钉 8—复位按钮 9—弹簧 10—支撑件
11—偏心轮 12—热元件 13—温度补偿双金属片

a) 结构图

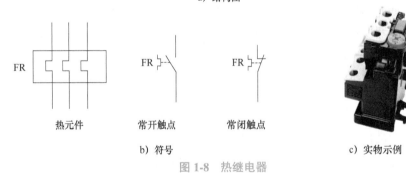

热元件　　　　常开触点　　　　常闭触点

b) 符号　　　　　　　　　　　c) 实物示例

图 1-8　热继电器

主双金属片是由两种热膨胀系数不同的金属片以机械碾压方式形成一体的,材料多为铁镍铬合金和铁镍合金。当主双金属片受热时即弯曲变形,弯曲程度由各自材料膨胀系数及其温度所决定。

当负载电流超过整定电流值并经过一定时间后,发热元件所产生的热量足以使主双金属片受热向左弯曲,并推动导板 3 向左移动一定距离,导板又推动温度补偿双金属片 13 与推杆,使动触点 5 与常闭触点 4 分断,从而使继电器线圈断电释放,将电源切除起到保护作用。电源切断后,电流消失,主双金属片逐渐冷却,经过一段时间后恢复原状,于是动触点在失去作用力的情况下,靠自身弹簧 9 和偏心轮 11 的弹性自动复位与常闭触点闭合。

热继电器主要用于保护电动机的过载,因此在选用时,必须了解被保护对象的工作环境、起动情况、负载性质、工作制以及电动机允许的过载能力,与此同时还应了解热继电器的某些特性和某些特殊要求。

1. 热继电器的基本性能

（1）安秒特性

安秒特性即电流-时间特性，是热继电器动作时间与通过电流之间的关系特性，也称动作特性或保护特性。

热继电器所保护的电动机，在正常工作中常会出现短时过载，只要过载电流导致的温升不超过电动机绕组绝缘的允许温升或短时接近允许温升都是允许的，但不能使电动机在接近允许最高温升条件下长期过载工作，特别是超过允许温升的过载会使电动机的绝缘迅速老化或损伤，从而缩短电动机的寿命。保护应遵循的原则：应使热继电器的保护特性位于电动机的过载特性之下，并尽可能地接近，甚至重合，以充分发挥电动机的能力，同时使电动机在短时过载和起动瞬间（起动电流为 5~6 倍电动机额定电流）不受影响。

（2）热稳定性

热稳定性即耐受过载能力。热继电器热元件的热稳定性要求：在最大整定电流时，对额定电流 100A 及以下的通 10 倍最大整定电流，对额定电流 100A 以上的通 8 倍最大整定电流，热继电器应能可靠动作 5 次。

（3）控制触点寿命

热继电器常开、常闭触点的长期工作电流为 3A，并能操作视在功率为 510V·A 的交流接触器线圈 10000 次以上。

（4）复位时间

自动复位时间不超过 5min，手动复位时间不超过 2min。

（5）电流调节范围

电流调节范围一般为 66%~100% 的热继电器额定电流，最大为 50%~100% 的热继电器额定电流。

2. 热继电器的选用

（1）保护长期工作或间断长期工作的电动机时热继电器的选用

1）根据电动机的起动时间，选取 $6I_N$（I_N 为电动机的额定工作电流）下具有相应可返回时间的热继电器，一般取可返回时间为 0.5~0.7 的热继电器动作时间。

2）一般情况下，按电动机的额定电流选取，使热继电器的电流整定值为 $(0.95~1.05)\,I_N$，或选取热继电器整定电流的中间值为电动机的额定工作电流，然后进行调整。使用时，热继电器的旋钮应调到该额定值，否则将不能起到保护作用。

3）用热继电器作断相保护时的选用。对于星形（丫）联结的电动机，一相断线后，流过热继电器的电流与流过电动机未断相绕组的电流增加比例是一致的，在选用正确、调整合理的情况下，使用不带断相保护的两相或三相热继电器也能对一相断线后的过载做出反应，对断相运行起保护作用。对于三角形（△）联结的电动机，一相断线后，流过热继电器的电流与流过电动机绕组的电流增加比例是不同的，其中最严重的一相的电流比其余串联的两相绕组的电流要大一倍，增加的比例也最大，这种情况应该选用带有断相保护装置的热继电器。

从负载大小来分析，一般只有当△联结的小容量笼型异步电动机在 50%~67% 负载下运行时，出现一相断电的情况下才选用带断相保护的热继电器；当负载大于 67% 额定功率时，产生一相断电后，即使不带断相保护装置的一般热继电器也能动作；而当负载小于 50% 额定功率时，由于电流较小，一相断线时也不会损坏电动机。

在使用不带断相保护装置的热继电器保护△联结的电动机时，一般也能在一相断线时起保护作用。不过，此时热继电器的整定电流应按电动机额定电流的 56% 来取值。

（2）保护反复短时工作制的电动机时热继电器的选用

热继电器用于保护反复短时工作电动机时仅有一定范围的适应性，当电动机起动电流为 6 倍的额定工作电流，起动时间小于 5s，满载工作通电持续率为 60% 时，每小时允许操作次数最高不超过 40 次。要求更高的操作频率时，可选用特殊类型的热继电器。

（3）特殊工作制电动机的保护

正反转及密集通断工作的电动机不宜采用热继电器来保护，可选用埋入电动机绕组的温度继电器或热敏电阻来保护。

1.5.5 时间继电器

凡是感测系统获得输入信号后需延迟一段时间，执行系统才会动作输出信号，进而操纵控制电路的电器叫作时间继电器。时间继电器广泛用来控制生产过程中按时间原则制定的工艺程序。

时间继电器的种类很多，常用的主要有电磁式、电动式、空气阻尼式和晶体管式等。

通电延时型时间继电器动作过程：当线圈通电后，常闭触点（瞬时动作）瞬时断开，常开触点（瞬时动作）瞬时闭合，延时闭合瞬时断开常开触点经延时后闭合，常闭延时触点经延时后断开。线圈断电后，所有触点均恢复原状态。

断电延时型时间继电器动作过程：当线圈通电后，所有触点均立刻动作（常开闭合，常闭断开）。线圈断电后，瞬时闭合延时断开常开触点经延时后断开，常闭延时触点经延时后闭合，常闭触点（瞬时动作）瞬时断开，常开触点（瞬时动作）瞬时闭合。

时间继电器如图 1-9 所示。

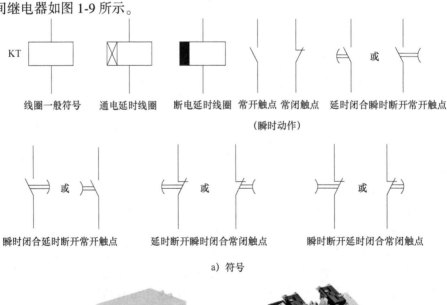

a）符号

b）实物示例

图 1-9　时间继电器

1.5.6　速度继电器

速度继电器是用来反应转速和转向变化的继电器，它的基本工作方式和主要作用是依靠旋转速度的快慢为指令信号，通过触点的分合传递给接触器，从而实现对电动机的反接制动控制。速度继电器如图 1-10 所示。

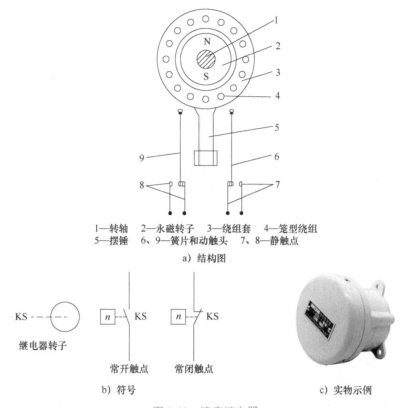

1—转轴　2—永磁转子　3—绕组套　4—笼型绕组
5—摆锤　6、9—簧片和动触头　7、8—静触点
a) 结构图

继电器转子

常开触点　　常闭触点

b) 符号

c) 实物示例

图 1-10　速度继电器

速度继电器的永磁转子 2 由永磁材料制成并与电动机同轴连接，电动机转动时永磁转子跟随电动机转动，笼型绕组 4 切割转子磁场产生感应电动势及环内电流，环内电流在转子磁铁作用下产生电磁转矩使笼型绕组套 3 跟随转子转动方向偏转，即转子顺时针转动时，笼型绕组套随之顺时针方向偏转，而转子逆时针转动时，笼型绕组套就随之逆时针方向偏转。笼型绕组套偏转时带动下方的摆锤 5 摆动并推动相应的 6、9 簧片和动触头，由此改变左方的顺时针转向触点或右方逆时针转向触点的通断状态。

1.6　主令电器

主令电器是在自动控制系统中发出指令或信号的操纵电器，由于它是专门发号施令的，故称"主令电器"。主令电器主要用来切换控制电路，使电路接通或分断，实现对电力拖动系统的各种控制，以满足生产机械的要求。常用的主令电器有按钮、行程开关、万能转换开关和主令控制器等。

1.6.1 按钮

按钮是一种手动操作接通或分断小电流控制电路的主令电器，如图 1-11 所示。一般情况下它不直接控制主电路的通断，而主要利用其远距离发出手动指令或信号去控制接触器、继电器等电磁装置，实现主电路的分合、功能转换或电气联锁。

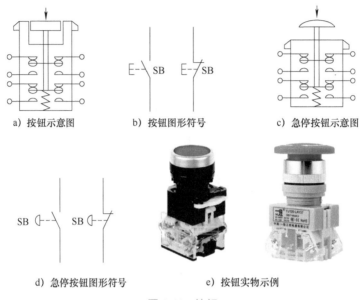

a) 按钮示意图　　　　b) 按钮图形符号　　　　c) 急停按钮示意图

d) 急停按钮图形符号　　　　e) 按钮实物示例

图 1-11　按钮

按钮一般由按钮帽、复位弹簧、桥式动触点、静触点、外壳及支柱连杆等组成。按钮按静态时触点的分合状况，可分为常开按钮（起动按钮）、常闭按钮（停止按钮）及复合按钮（常开、常闭组合为一体的按钮）。

1）常开按钮：未按下时触点是断开的，按下时触点被接通，当松开后，按钮在复位弹簧的作用下复位断开。

2）常闭按钮：与常开按钮相反，未按下时触点是闭合的，按下时触点被断开，当松开后，按钮在复位弹簧的作用下复位闭合。

3）复合按钮：将常开与常闭按钮合为一体。

按钮的选择需要考虑以下条件：

1）根据使用场合和具体用途选择按钮形式。如果按钮安装于控制柜的面板上，需采用开启式的；如要显示工作状态，需采用带指示灯的；如需避免误操作，需采用钥匙式的；如要避免腐蚀性气体侵入，需采用防腐式的。

2）根据控制作用选择按钮帽的颜色。按钮帽的颜色有红色、绿色、白色、黄色、蓝色、黑色、橙色等，一般起动或通电按钮采用绿色，停止按钮采用红色。

3）根据控制回路的需要确定触点数量和按钮数量，如单钮、双钮、三钮、多钮等。

1.6.2　行程开关

行程开关分为有触点行程开关和无触点行程开关。

1）有触点行程开关是利用生产设备某些运动部件的碰撞，使其触点动作，将机械信号变为电信号，接通、断开或变换某些控制电路的指令，借以实现对机械的电气控制要求。通常，这类开关用来限制机械运动的位置或行程，使运动机械按一定位置或行程自动停止、反向运动、变速运动或自动往返运动等。有触点行程开关如图 1-12 所示。

2）无触点行程开关又称接近开关，它的功能是当有某种物体与之接近到一定距离时就发出动作信号，以控制继电器或逻辑元件。它的用途除行程控制和限位保护外，还可用于检测金属体的存在、高速计数、测速、定位、变换运动方向、检测零件尺寸、液面控制，以及用作无触点按钮等。它具有工作可靠、寿命长、操作频率高，以及能适应恶劣的工作环境等特点。

a）图形符号　　　　　　b）实物示例

图 1-12　有触点行程开关

接近开关按工作原理可分为高频振荡型（检测各种金属）、电磁感应型（检测导磁或非导磁性金属）、电容型（检测各种导电或不导电的液体或固体）、永磁型及磁敏元件型（检测磁场或磁性金属）、光电型（检测不透光的物质）、超声波型（检测不透过超声波的物质）。

接近开关的主要参数有动作距离、动作频率、响应时间、重复精度、工作电压及输出触点的容量。接近开关如图 1-13 所示。

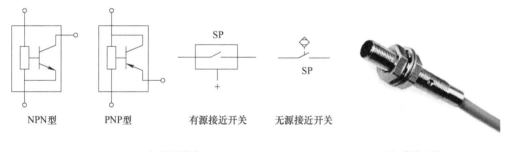

NPN型　　　　　PNP型　　　　　有源接近开关　　　无源接近开关

a）图形符号　　　　　　　　　　　　　　b）实物示例

图 1-13　接近开关

行程开关的选择需要考虑以下条件：

1）根据使用场合和控制对象确定行程开关的种类，如一般用途行程开关还是起重设备用行程开关。例如，当生产机械运动速度不是太快时，要选用一般用途的行程开关；在工作频率很高、对可靠性及精度要求也很高时，可选用无触点行程开关（接近开关）。

2）根据生产机械的运动特性确定行程开关的操作方式。

3）根据使用环境条件确定开关的防护，如开启式、防水式、防腐式、保护式等。

习题与思考题

1-1　低压断路器可以起到哪些保护作用？

1-2　选用交流接触器时，需考虑哪些参考量？接触器的额定电压和接触器线圈额定电压是同一个概念吗？为什么？

1-3　接触器在电路中可以起到哪些作用？

1-4 电气控制电路中，熔断器主要起什么保护，热继电器主要起什么保护，二者可以相互替代吗？为什么？

1-5 当负载电流达到熔断器熔体的额定电流时，熔体是否会立即熔断？为什么？

1-6 热继电器是在负载电流达到整定电流后立即动作的吗？为什么？动作后，一般在多久实现自动复位？

1-7 行程开关在电路中可以起到哪些作用？

1-8 选用按钮时，在颜色上有哪些注意事项？

1-9 选用热继电器应注意哪些参考量？

1-10 电动机的起动电流很大，起动时热继电器应不应该动作？为什么？

第 2 章

电动机的基本控制电路

本章导读

电力拖动是指用电动机作为原动机来拖动生产机械，如：车床、铣床、磨床等各种机床的运转，以及起重机、轧钢机、卷扬机等各类机械的运转都是电动机来带动的。

电动机常见的基本控制电路有：点动控制电路、正转控制电路、正反转控制电路、位置控制电路、顺序控制电路、多地控制电路等。在生产实践中，一台比较复杂的机床或成套生产机械的控制电路，总是由一些基本控制电路组成的。因此，掌握好上述基本控制电路，对掌握各种机床及机械设备的电气控制电路的运行和维修是非常重要的，本章的主要内容就是介绍一些基本的控制电路。

2.1 电气制图标准

在绘制电气控制电路原理图时应遵循以下标准：GB/T 5226—2019《机械电气安全 机械电气设备 第 1 部分：通用技术条件》、GB/T 6988.1—2008《电气技术用文件的编制 第 1 部分：规则》等国家标准。

1. 电气原理图

电气原理图是用图形符号和项目代号表示电路各个电器元件连接关系和工作原理的图。原理图一般分电源电路、主电路、控制电路、信号电路及照明电路绘制。

电气原理图主电路、控制电路和信号电路应分开绘出，表示出各个电源电路的电压值、极性或频率及相数。主电路的电源电路一般绘制成水平线，受电的动力装置（电动机）及其保护电器支路用垂直线绘制在图面的左侧，控制电路用垂直线绘制在图面的右侧，同一电器的各元件采用同一文字符号标明。

所有电路元件的图形符号，均按电器未接通电源和没有受外力作用时的状态绘制。循环运动的机械设备，在电气原理图上绘出工作循环图。转换开关、行程开关等绘出动作程序及动作位置示意图表。由若干元件组成具有特定功能的环节，用点画线框括起来，并标注出环节的主要作用，如速度调节器、电流继电器等。电路和元件完全相同并重复出现的环节，可以只绘出其中一个环节的完整电路，其余的可用点画线框表示，并标明该环节的文字符号或环节的名称。

外购的成套电气装置，其详细电路与参数绘在电气原理图上。电气原理图的全部电动机及电器元件的型号、文字符号、用途、数量、额定技术数据，均应填写在元件明细表内。为阅图方便，图中自左向右或自上而下表示操作顺序，并尽可能减少线条和避免线条交叉。将图分成若干图区，上方为该区电路的用途和作用，下方为图区号。在继电器、接触器线圈下方列有触点表，以说明线圈和触点的从属关系。

电源电路画成水平线，三相交流电源相序 L1、L2、L3 由上而下依次排列画出，中性线 N 和保护地线 PE 画在相线之下。直流电源则正端在上，负端在下画出。电源开关要水平画出。

主电路是指在电气设备或电力系统中，直接承担电能交换或控制任务的电路。它通过的是电动机的工作电流，电流较大。主电路要垂直电源电路画在原理图的左侧。

控制电路是指控制主电路工作状态的电路。信号电路是指显示主电路工作状态的电路。照明电路是指实现机床设备局部照明的电路。这些电路通过的电流都较小，画原理图时，控制电路、信号电路、照明电路要跨接在两相电源线之间，依次垂直画在主电路的右侧，且电路中的耗能元件（如接触器和继电器的线圈、信号灯、照明灯等）要画在电路的下方，而电器的触点画在耗能元件上方，如图 2-1 所示。

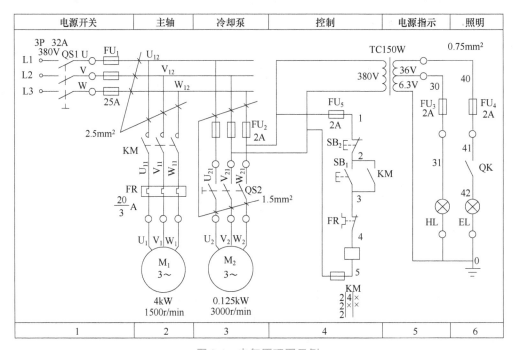

图 2-1　电气原理图示例

2. 电气安装图

电气安装图用于表示电气控制系统中各电气元件的实际位置和接线情况。要求详细绘制出电气元件安装位置，并表明电气设备外部元件的相对位置及它们之间的电气连接，是实际安装接线的依据。

原则：外部单元同一电器的各部件画在一起，其布置尽可能符合电器实际情况。各电气元件的图形符号、文字符号和回路标记均以电气原理图为准，并保持一致。不在同一控制箱和同一配电盘上的各电气元件，必须经接线端子板进行连接。互连图中的电气互连关系用线束表示，连接导线应注明导线规格（数量、截面积），一般不表示实际走线途径。对于控制装置的外部连接线应在图中或用接线表来表示清楚，并注明电源的引入点。

2.2 起动控制电路

2.2.1 单向旋转控制电路

1. 点动控制电路

所谓点动控制是指：按下按钮，电动机得电运转；松开按钮，电动机失电停转。这种控制方法常用于电动葫芦的起重电动机控制和车床溜板箱快速移动的电动机控制。

点动正转控制电路由电源开关 QS、熔断器 FU、起动按钮 SB、接触器 KM 及电动机 M 组成，如图 2-2 所示。其中以电源开关 QS 作电源隔离开关，熔断器 FU 作短路保护，按钮 SB 控制接触器 KM 的线圈得电、失电，接触器 KM 的主触点控制电动机 M 的起动与停止。电路的工作原理如下：

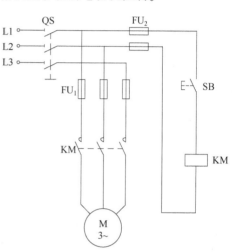

当电动机 M 需要点动时，先合上电源开关 QS，此时电动机 M 尚未按通电源。按下起动按钮 SB，接触器 KM 线圈得电，使衔铁吸合，带动接触器 KM 的三对主触点闭合，电动机 M 便接通电源起动运转。当电动机需要停转时，只要松开起动按钮 SB，使接触器 KM 线圈失电，衔铁在复位弹簧作用下复位，接触器 KM 的三对主触点恢复断开，电动机 M 失电停转。

图 2-2　点动正转控制电路

2. 接触器自锁正转控制电路

在要求电动机起动后能连续运转时，采用上述点动正转控制电路就不行了。因为要使电动机 M 连续运转，起动按钮 SB 就不能断开，这显然是不符合生产实际要求的。为实现电动机的连续运转，可采用图 2-3 所示的接触器自锁正转控制电路。这种电路的主电路和点动控制电路的主电路相同，但在控制电路中串联了一个停上按钮 SB$_2$，又在起动按钮 SB$_1$ 的两端并联了接触器 KM 的一对常开辅助触点。电路的工作原理如下：

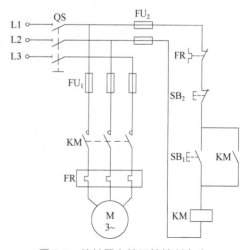

1）起动：合上电源开关 QS，按下起动按钮 SB$_1$，KM 线圈得电，KM 主触点和常开辅助触点闭合，电动机 M 起动运转。当松开起动按钮 SB$_1$，其常开触点恢复原状（分断）后，由于接触器 KM 的常开辅助触点闭合时已将 SB$_1$ 短接，控制电路仍保持接通，所以接触器 KM 线圈继续得电，从而电动机 M 实现连续运转。这种当松开起动按钮 SB$_1$ 后，接触器 KM 通过自身常开辅助触点而使线圈保持得电的作用叫作自锁（或自保），与起动按钮 SB$_1$ 并联起自锁作用的常开辅助触点叫自锁触点（或自

图 2-3　接触器自锁正转控制电路

保触点)。

2) 停止：按下停止按钮 SB₂，KM 线圈失电，KM 主触点和自锁触点分断解除自锁，电动机 M 失电停转。当松开 SB₂，其常闭触点恢复闭合后，因接触器 KM 的自锁触点在切断控制电路时已分断，解除了自锁，SB₁ 也是分断的，所以接触器 KM 不得电，电动机 M 也不会转动。接触器自锁控制电路不但能使电动机连续运转，而且还有一个重要的特点，就是具有欠电压和失电压（或零电压）保护作用。

上述电路由熔断器 FU 作短路保护，由接触器 KM 作欠电压保护。电动机在运行过程中，如果长期负载过大或起动操作频繁，或者断相运行等，都可能使电动机定子绕组的电流增大，超过其额定值，而在这种情况下，熔断器的熔体往往并不熔断，从而引起定子绕组过热使其温度升高，若温度超过允许温升就会使绝缘损坏，缩短电动机的使用寿命，严重时甚至会使电动机的定子绕组烧毁。因此，对电动机还必须采取过载保护措施。最常用的过载保护是由热继电器 FR 来实现的，把其热元件串联在电动机三相主电路上，把其常闭触点串联在控制电路中。

如果电动机在运行过程中，由于过载或其他原因使电流超过额定值，那么经过一定时间，串联在主电路中的热继电器的热元件因受热发生弯曲，通过动作机构使串联在控制电路中的常闭触点断开，切断控制电路，接触器 KM 的线圈失电，其主触点、自锁触点断开，电动机 M 失电停转，达到了过载保护的目的。

在照明、电加热等一般电路里，熔断器 FU 既可以作短路保护，也可以作过载保护。但对三相异步电动机控制电路来说，熔断器只能用作短路保护，这是因为三相异步电动机的起动电流很大（全压起动时的起动电流能达到额定电流的 4~7 倍），若用熔断器作过载保护，则选择熔断器的额定电流就应等于或略大于电动机的额定电流，这样电动机在起动时，由于起动电流大大超过了熔断器的额定电流，使熔断器在很短的时间内爆断，造成电动机无法起动，所以熔断器只能作短路保护，其额定电流应取电动机额定电流的 1.5~3 倍。

热继电器在三相异步电动机控制电路中也只能作过载保护，不能作短路保护，这是因为热继电器的热惯性大，即热继电器的双金属片受热膨胀弯曲需要一定的时间，当电动机发生短路时，由于短路电流很大，热继电器还没来得及动作，供电线路和电源设备可能已经损坏。而在电动机起动时，由于起动时间很短，热继电器还未动作，电动机已起动完毕。总之，热继电器与熔断器两者所起作用不同，不能相互代替。

3. 连续与点动混合控制的正转控制电路

机床设备在正常工作时，一般需要电动机处在连续运转状态，但在试车或调整刀具与工件的相对位置时，又需要电动机能点动控制，实现这种工艺要求的电路是连续与点动混合控制的正转控制电路，如图 2-4 所示。

图 2-4a 是在接触器自锁正转控制电路的基础上，把手动开关 SA 串联在自锁电路中实现的。显然，当把 SA 闭合或打开时，就可实现电动机的连续或点动控制。

图 2-4b 是在接触器自锁正转控制电路的基础上，增加了一个复合按钮 SB₂ 来实现连续与点动混合正转控制的。电路的工作原理如下：

1) 连续控制：合上电源开关 QS，按下连续运行起动按钮 SB₁，KM 线圈得电，KM 主触点和常开辅助触点闭合，电动机 M 起动并连续运转。按下停止按钮 SB₃，KM 线圈失电，KM 主触点断开和自锁触点分断解除自锁，电动机 M 失电停转。

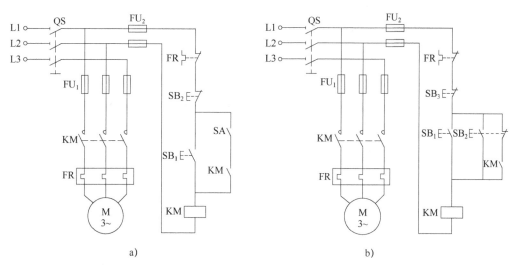

图 2-4　连续与点动混合控制的正转控制电路

2）点动控制：按下点动按钮 SB_2，其常闭触点先分断，常开触点后闭合（机械结构动作过程），KM 线圈得电，KM 主触点和自锁触点闭合（但此时 SB_2 常闭触点分断切断自锁电路），电动机 M 得电起动运转。当松开点动按钮 SB_2 后，SB_2 常开触点先恢复分断，KM 线圈失电，KM 主触点和常开辅助触点分断，电动机 M 失电停转，SB_2 常闭触点后恢复闭合，但此时 KM 自锁触点已分断，自锁已解除，电动机 M 不会继续运转。

2.2.2　三相异步电动机的正反转控制电路

前面讲的正转控制电路只能使电动机朝一个方向旋转，带动生产机械的运动部件朝一个方向运动，但许多生产机械往往要求运动部件能向正反两个方向运动，如机床工作台的前进与后退、万能铣主轴的正转与反转、起重机的上升与下降等，这些生产机械要求电动机能实现正、反转控制。

已知当改变通入电动机定子绕组的三相电源相序，即把接入电动机三相电源进线中的任意两根对调接线时，电动机就可以反转。根据这个原理，下面介绍几种常用的正反转控制电路。

1. 接触器联锁的正反转控制电路

接触器联锁的正反转控制电路如图 2-5 所示。电路中采用了两个接触器，即正转用的接触器 KM_1 和反转用的接触器 KM_2，它们分别由正转起动按钮 SB_1 和反转起动按钮 SB_2 控制。从主电路中可以看出，这两个接触器的主触点所接通的电源相序不同，KM_1 按 L1—L2—L3 相序接线，KM_2 则对调了两相的相序，按 L3—L2—L1 相序接线。相应的控制电路有两条，一条是由按钮 SB_1 和 KM_1 线圈等组成的正转控制电路，另一条是由按钮 SB_2 和 KM_2 线圈等组成的反转控制电路。

必须指出，接触器 KM_1 和 KM_2 的主触点决不允许同时闭合，否则将造成两相电源（L1 相和 L3 相）短路事故。为了保证一个接触器得电动作时，另一个接触器不能得电动作，以避免电源的相间短路，就在正转控制电路中串联了反转接触器 KM_2 的常闭辅助触点，而在反转控制电路中串联了正转接触器 KM_1 的常闭辅助触点。这样，当 KM_1 得电动作时，串联在反转控制电路中的 KM_1 常闭触点分断，切断了反转控制电路，保证了 KM_1 主触点闭合时，KM_2 主触点不能闭合。同样，当 KM_2 得电动作时，其常闭触点分断，切断了正转控制电路，从而可靠地避免了两相电源短路事故的发生。这种在一个接触器得电动作时，通过其常闭辅助触点使另一个接触器不能得电动作的作用叫作联锁（或互锁），实现联锁作用的常闭辅助触点称为联锁触点（或互锁触点）。

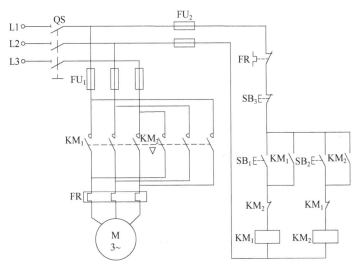

图 2-5　接触器联锁的正反转控制电路

接触器联锁的正反转控制电路的工作原理如下：

1）正转控制：合上电源开关 QS，按下正转起动按钮 SB_1，KM_1 线圈得电，KM_1 主触点闭合及自锁触点闭合自锁，电动机 M 连续正转运行，KM_1 联锁触点分断对 KM_2 联锁（切断反转控制电路）。停止时，按下停止按钮 SB_3，KM_1 线圈失电，KM_1 主触点分断，KM_1 自锁触点分断解除自锁，电动机 M 失电停止运行，KM_1 联锁触点恢复闭合解除对 KM_2 的联锁。

2）反转控制：按下反转起动按钮 SB_2，KM_2 线圈得电，KM_2 主触点闭合及自锁触点闭合自锁，电动机 M 连续反转运行，KM_2 联锁触点分断对 KM_1 联锁（切断正转控制电路）。停止时，按下停止按钮 SB_3，KM_2 线圈失电，KM_2 主触点分断，KM_2 自锁触点分断解除自锁，电动机 M 失电停止运行，KM_2 联锁触点恢复闭合解除对 KM_1 的联锁。

从以上分析可见，接触器联锁正反转控制电路的优点是工作安全可靠，缺点是操作不便。因电动机从正转变为反转时，必须先按下停止按钮后，才能按反转起动按钮，否则由于接触器的联锁作用，不能实现反转。为克服此电路的不足，可采用按钮联锁或按钮和接触器双重联锁的正反转控制电路。

2. 按钮联锁的正反转控制电路

把图 2-5 中的正转起动按钮 SB_1 和反转起动按钮 SB_2 换成两个复合按钮，并使复合按钮的常闭触点代替接触器的常闭联锁触点，就构成了按钮联锁的正反转控制电路，如图 2-6 所示。

这种控制电路的工作原理与接触器联锁的正反转控制电路的工作原理基本相同，只是当电动机从正转改变为反转时，可直接按下反转起动按钮 SB_2 即可实现，不必先按停止按钮 SB_3。

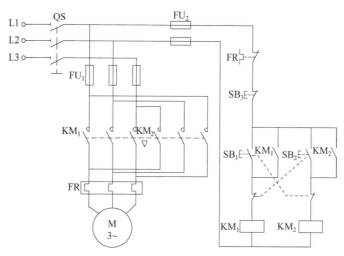

图 2-6　按钮联锁的正反转控制电路

因为当按下反转起动按钮 SB₂ 时，串联在正转控制电路中的 SB₂ 常闭触点先分断，使正转接触器 KM₁ 线圈失电，KM₁ 的主触点和自锁触点分断，电动机 M 失电惯性停车。SB₂ 的常闭触点分断后，其常开触点才闭合，接通反转控制电路，电动机 M 便反转运行。这样，既保证了 KM₁ 和 KM₂ 的线圈不会同时通电，又可不按停止按钮而直接按反转按钮实现反转。同样，若使电动机从反转运行变为正转运行，也只要直接按下正转起动按钮 SB₁ 即可。

这种电路的优点是操作方便，缺点是容易产生电源两相短路故障。例如，当正转接触器 KM₁ 发生主触点熔焊或被杂物卡住等故障时，即使接触器线圈失电，主触点也不会分断，这时若直接按下反转起动按钮 SB₂，KM₂ 得电动作，其触点闭合，必然造成电源两相短路故障，所以此电路工作欠安全可靠，在实际工作中，经常采用的是按钮和接触器双重联锁的正反转控制电路。

3. 按钮和接触器双重联锁的正反转控制电路

图 2-7 所示为按钮和接触器双重联锁的正反转控制电路。这种电路是在按钮联锁的基础上，又增加了接触器联锁，故兼有两种联锁控制电路的优点，使电路操作方便，工作安全可靠。因此，在电力拖动中被广泛采用。

电路的工作原理如下：

1）正转控制：合上电源开关 QS，按下正转起动按钮 SB₁，SB₁ 常闭触点先分断对 KM₂ 联锁（切断反转控制电路），SB₁ 常开触点后闭合，KM₁ 线圈得电，KM₁ 主触点闭合及自锁触点闭合自锁，电动机 M 连续正转运行，KM₁ 联锁触点分断对 KM₂ 联锁（切断反转控制电路）。

2）反转控制：按下反转起动按钮 SB₂，SB₂ 常闭触点先分断，KM₁ 主触点分断，KM₁ 自锁触点分断解除自锁，电动机 M 失电，KM₁ 联锁触点恢复闭合；SB₂ 常开触点后闭合，KM₂ 线圈得电，KM₂ 主触点闭合及自锁触点闭合自锁，电动机 M 连续反转运行，KM₂ 联锁触点分断对 KM₁ 联锁（切断正转控制电路）。

3）若要停止，按下 SB₃，整个控制电路失电，主触点分断，电动机 M 失电停转。

4. 位置控制与自动往返控制电路

在生产过程中，常遇到一些生产机械运动部件的行程或位置要受到限制，或者需要其运动部件在一定范围内自动往返循环等，如在摇臂钻床、万能铣床、镗床、桥式起重机及各种自动或半自动控制机床设备中就经常遇到这种控制要求，而实现这种控制要求所依靠的主要电器是位置开关（又称限位开关）。

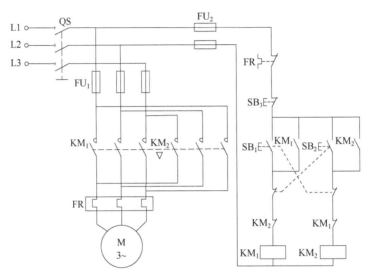

图 2-7 双重联锁的正反转控制电路

位置开关是一种将机械信号转换为电气信号以控制运动部件位置或行程的控制电器，而位置控制就是利用生产机械运动部件上的挡铁与位置开关碰撞，使其触点动作，来接通或断开电路，达到控制生产机械运动部件的位置或行程的一种方法。

图 2-8 所示为位置控制电路，工厂车间里的行车常采用这种电路。图下方是行车运动示意图，在行车的两头终点处各安装一个位置开关 SQ_1 和 SQ_2，行车前后各装有挡铁 1 和挡铁 2，行车的行程和位置可通过移动位置开关的安装位置来调节。

位置控制电路的工作原理如下：

1）行车向前运动：合上电源开关 QS，按下向前起动按钮 SB_1，KM_1 线圈得电，KM_1 主触点闭合，KM_1 自锁触点闭合自锁，电动机 M 起动连续正转，行车前移，KM_1 联锁触点分断对 KM_2 联锁。当小车移至限定位置挡铁 1 碰撞位置开关 SQ_1 时，SQ_1 常闭触点分断，KM_1 线圈失电，KM_1 主触点分断，KM_1 自锁触点分断解除自锁，电动机 M 失电停转，行车停止前移，KM_1 联锁触点恢复闭合解除联锁。此时，即使再按下 SB_1，由于 SQ_1 常闭触点已分断，接触器 KM_1 线圈也不会得电，保证了行车不会超过 SQ_1 所在的位置。

2）行车向后运动：按下向后起动按钮 SB_2，KM_2 线圈得电，KM_2 主触点闭合，KM_2 自锁触点闭合自锁，电动机 M 起动连续反转，行车后移（SQ_1 常闭触点恢复闭合），KM_2 联锁触点分断对 KM_1 联锁。当小车移至限定位置挡铁 2 碰撞位置开关 SQ_2 时，SQ_2 常闭触点分断，KM_2 线圈失电，KM_2 主触点分断，KM_2 自锁触点分断解除自锁，电动机 M 失电停转，行车停止后移，KM_2 联锁触点恢复闭合解除联锁。

3）停车时只需按下停止按钮 SB_3 即可。

有些生产机械，如万能铣床，要求工作台在一定距离内能自动往返运动，以便实现对工件的连续加工，提高生产效率，这就需要电气控制电路能对电动机实现自动转换正反转控制。

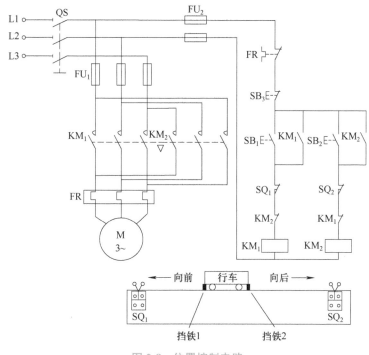

图 2-8　位置控制电路

　　由位置开关控制的工作台自动往返控制电路如图 2-9 所示，它的下方是工作台自动往返运动的示意图。为了使电动机的正反转控制与工作台的左右运动相配合，在控制电路中设置了四个位置开关 SQ_1、SQ_2、SQ_3、SQ_4，并把它们安装在工作台需限位的地方。其中，SQ_1、SQ_2 用来自动换接电动机正反转控制电路，实现工作台的自动往返行程控制；SQ_3、SQ_4 用来作为终端保护，以防止 SQ_1、SQ_2 失灵，工作台越过限定位置而造成事故。在工作台边的 T 形槽中装有两块挡铁，挡铁 1 只能和 SQ_1、SQ_3 相碰撞，挡铁 2 只能和 SQ_2、SQ_4 相碰撞。当工作台运动到所限位置时，挡铁碰撞位置开关，使其触点动作，自动换接电动机正反转控制电路，通过机械传动机构使工作台自动往返运动。工作台行程可通过移动挡铁位置来调节，拉开两块挡铁间的距离行程就短，反之则长。

　　电路的工作原理：合上电源开关 QS，按下正转起动按钮 SB_1，KM_1 线圈得电，KM_1 主触点闭合，KM_1 自锁触点闭合自锁，电动机 M 正转，工作台左移，KM_1 联锁触点分断对 KM_2 联锁，当工作台运行至左限定位置时，挡铁 1 碰到 SQ_1，SQ_1 常闭触点先分断，KM_1 线圈失电，KM_1 主触点分断，KM_1 自锁触点分断解除自锁，电动机停止正转（工作台停止左移），KM_1 联锁触点恢复闭合；SQ_1 常开触点后闭合，KM_2 线圈得电，KM_2 主触点闭合，KM_2 自锁触点闭合自锁，电动机 M 反转，工作台右移（SQ_1 触点复位），KM_2 联锁触点分断对 KM_1 联锁，当工作台运行至右限定位置时，挡铁 2 碰到 SQ_2，SQ_2 常闭触点先分断，KM_2 线圈失电，KM_2 主触点分断，KM_2 自锁触点分断解除自锁，电动机停止反转（工作台停止右移），KM_2 联锁触点恢复闭合；SQ_2 常开触点后闭合，KM_1 线圈得电，KM_1 主触点闭合，KM_1 自锁触点闭合自锁，电动机 M 正转，工作台左移（SQ_2 触点复位），KM_1 联锁触点分断对 KM_2 联锁，工作台又运行至左限定位置，挡铁 1 碰到 SQ_1。重复上述过程，工作台就在限定的行程内自动往返运动。

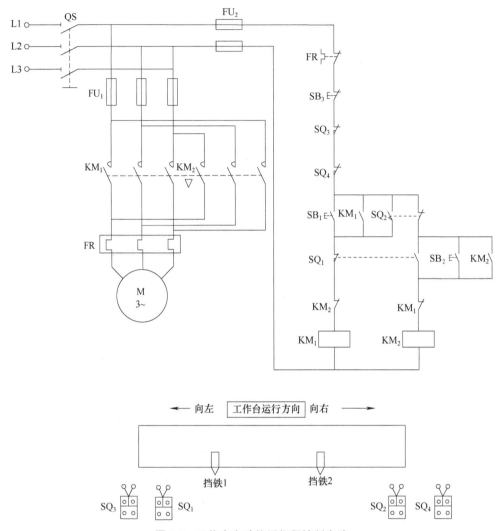

图 2-9　工作台自动往返行程控制电路

停止时，按下停止按钮 SB_3，整个控制电路失电，KM_1（或 KM_2）主触点分断，电动机 M 失电停转，工作台停止运动。

这里 SB_1、SB_2 分别作为正转起动按钮和反转起动按钮，若起动时工作台在左端，应按下 SB_2 进行起动。

2.2.3　减压起动控制电路

常用的减压起动控制电路有：延边三角形减压起动、星形-三角形减压起动、自耦变压器减压起动、定子绕组串电阻（电抗）减压起动。本节主要介绍星形-三角形减压起动控制电路。

星形-三角形减压起动是指电动机起动时，把定子绕组接成星形，以降低起动电压，限制起动电流，待电动机起动后，再把定子绕组改接成三角形，使电动机全压运行。凡是在正常运行时定子绕组作三角形联结的异步电动机，均可采用这种减压起动方法。

电动机起动时，三相定子绕组接成星形，加在每相定子绕组上的起动电压只有三角形联结的$1/\sqrt{3}$，起动电流为三角形联结的$1/3$，起动转矩也只有三角形联结的$1/3$，所以星形-三角形减压起动方法只适用于轻载或空载下起动。

1. 按钮和接触器控制丫-△减压起动电路

图2-10所示为用按钮和接触器控制丫-△减压起动的控制电路。该电路使用了三个接触器、一个热继电器和三个按钮。接触器KM作引入电源用，接触器$KM_丫$和$KM_△$分别作星形起动用和三角形运行用，SB_1是起动按钮，SB_2是丫-△换接按钮，SB_3是停止按钮，FU_1作为主电路的短路保护，FU_2作为控制电路的短路保护，FR作过载保护。

电路的工作原理如下：

1）电动机丫联结减压起动：合上电源开关QS，按下起动按钮SB_1，KM和$KM_丫$线圈得电，KM和$KM_丫$主触点闭合，KM自锁触点闭合自锁，$KM_丫$联锁触点分断对$KM_△$联锁，电动机M接成丫减压起动。

2）电动机△联结全压运行：当电动机转速上升到接近额定值时，按下丫-△换接按钮SB_2，SB_2常闭触点先分断，$KM_丫$线圈失电，$KM_丫$主触点分断，$KM_丫$联锁触点恢复闭合解除对$KM_△$的联锁；SB_2常开触点后闭合，$KM_△$线圈得电，$KM_△$主触点闭合，$KM_△$自锁触点闭合自锁，电动机M接成△全压运行，$KM_△$联锁触点分断对$KM_丫$联锁。

3）停止时按下停止按钮SB_3即可。

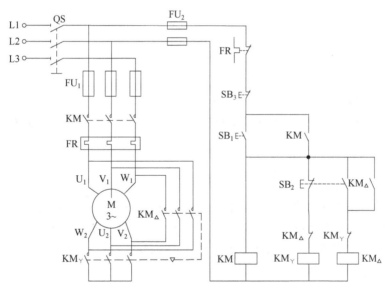

图2-10　按钮和接触器控制丫-△减压起动控制电路

2. 时间继电器自动控制丫-△减压起动电路

时间继电器自动控制丫-△减压起动电路如图2-11所示。该电路由三个接触器、一个热继电器、一个时间继电器和两个按钮组成。时间继电器KT作控制丫减压起动时间和完成丫-△自动换接用，其他电器的作用与上述电路相同。

电路的工作原理：合上电源开关QS，按下起动按钮SB_1，KT和$KM_丫$线圈得电，$KM_丫$主触点闭合和KT开始延时，$KM_丫$联锁触点分断对$KM_△$联锁，$KM_丫$常开触点闭合，KM线圈得电，KM主触点闭合，KM自锁触点闭合自锁，电动机M接成丫减压起动；经KT整定时间，M转速上升到一定值，KT延时打开的常闭触点分断，$KM_丫$线圈失电，$KM_丫$主触点分断，$KM_丫$

常开触点分断，KM$_\curlyvee$联锁触点闭合，KM$_\triangle$线圈得电，KM$_\triangle$主触点闭合，电动机 M 接成△全压运行，KM$_\triangle$联锁触点分断对 KM$_\curlyvee$联锁，KT 线圈失电，KT 常闭触点瞬时闭合；停止时按下停止按钮 SB$_2$ 即可。

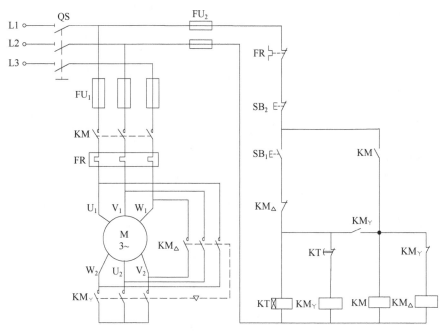

图 2-11　时间继电器自动控制丫-△减压起动电路

该电路中，接触器 KM$_\curlyvee$得电以后，通过 KM$_\curlyvee$的常开辅助触点使接触器 KM 得电动作，这样 KM$_\curlyvee$的主触点是在无负载的条件下进行闭合的，故可延长接触器 KM$_\curlyvee$主触点的使用寿命。

2.2.4　顺序起动控制电路

在装有多台电动机的生产机械上，各电动机所起的作用是不相同的，有时需按一定的顺序起动，才能保证操作过程的合理性和工作的安全可靠。例如，X62W 型万能铣床上要求主轴电动机起动后，进给电动机才能起动；又如，M7120 型平面磨床的冷却液泵电动机，要求当砂轮电动机起动后才能起动。这种要求一台电动机起动后另一台电动机才能起动的控制方式，叫作电动机的顺序控制。下面介绍几种常见的顺序控制电路。

1. 主电路实现顺序控制

图 2-12 所示为主电路实现电动机顺序控制的电路。其特点是，电动机 M$_1$ 和 M$_2$ 通过接触器 KM$_1$ 和 KM$_2$ 来控制，接触器 KM$_2$ 的主触点接在接触器 KM$_1$ 主触点的下面，这样就保证了当 KM$_1$ 主触点闭合，电动机 M$_1$ 起动运转后，M$_2$ 才可能接通电源运转。

电路的工作原理：合上电源开关 QS，按下 M$_1$ 起动按钮 SB$_1$，KM$_1$ 线圈得电，KM$_1$ 主触点闭合，KM$_1$ 自锁触点闭合自锁，电动机 M$_1$ 起动连续运转；按下 M2 起动按钮 SB$_2$，KM$_2$ 线圈得电，KM$_2$ 主触点闭合，KM$_2$ 自锁触点闭合自锁，电动机 M$_2$ 起动连续运转；按下停止按钮 SB$_3$，控制电路失电，KM$_1$、KM$_2$ 主触点分断，M$_1$、M$_2$ 失电停转。

该电路有个缺陷，虽然 M$_1$ 没有运行，M$_2$ 运行不了，但控制 M$_2$ 的接触器 KM$_2$ 线圈得电，其主触点闭合，容易造成误判断。

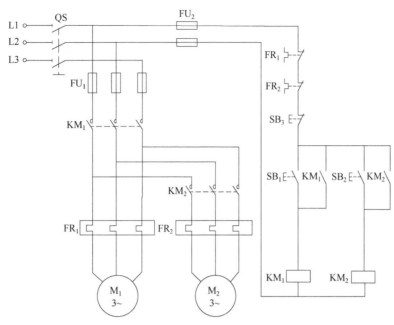

图 2-12　主电路实现电动机顺序控制的电路

2. 控制电路实现顺序控制

图 2-13 所示为几种在控制电路实现电动机顺序控制的电路。

图 2-13a 所示控制电路的特点是，电动机 M_2 的控制电路先与接触器 KM_1 的线圈并联后再与 KM_1 的自锁触点串联，这样就保证了 M_1 起动后，M_2 才能起动的顺序控制要求。按下停止按钮 SB_3，M_1、M_2 同时停转。

图 2-13b 所示控制电路的特点是，在电动机 M_2 的控制电路中串联了接触器 KM_1 的常开辅助触点。显然，只要 M_1 不起动，即使按下 SB_{21}，由于 KM_1 的常开辅助触点未闭合，KM_2 线圈也不会得电，从而保证了 M_1 起动后，M_2 才能起动的控制要求。电路中停止按钮 SB_{12} 控制两台电动机同时停止，SB_{22} 控制 M_2 的单独停止。

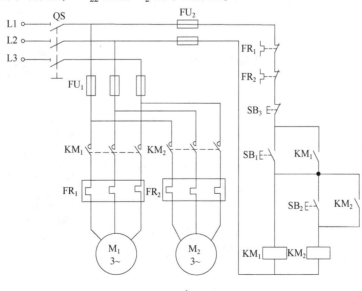

a)

图 2-13　控制电路实现电动机顺序控制的电路

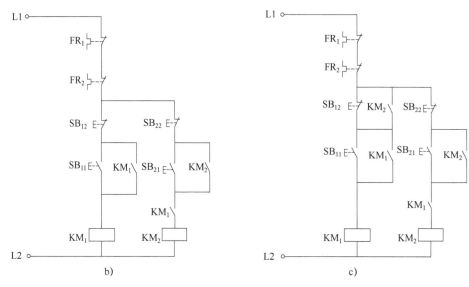

图 2-13　控制电路实现电动机顺序控制的电路（续）

图 2-13c 所示控制电路的特点是，在图 2-13b 所示电路中 SB$_{12}$ 的两端并联接触器 KM$_2$ 的常开辅助触点，从而实现了 M$_1$ 起动后，M$_2$ 才能起动，而 M$_2$ 停止后，M$_1$ 才能停止的控制要求，即 M$_1$、M$_2$ 是顺序起动，逆序停止。

2.3　制动控制电路

电动机断开电源以后，由于惯性不会马上停止转动，而需要转动一段时间才会完全停下来。这种情况对于某些生产机械是不适宜的，如起重机的吊钩需要准确定位、万能铣床要求立即停转等，实现生产机械的这些要求就需要对电动机进行制动。

所谓制动，就是给电动机一个与转动方向相反的转矩使它迅速停转（或限制其转速）。制动的方法一般有两类：机械制动和电力制动。

2.3.1　机械制动

利用机械装置使电动机断开电源后迅速停转的方法叫机械制动，机械制动常用的方法有电磁抱闸制动和电磁离合器制动。

1. 电磁抱闸制动

（1）电磁抱闸的结构

电磁抱闸的结构如图 2-14 所示，它主要由制动电磁铁和闸瓦制动器两部分组成。制动电磁铁由铁心、衔铁和线圈三部分组成，并有单相和三相之分；闸瓦制动器包括闸轮、闸瓦、杠杆和弹簧等，闸轮与电动机装在同一根转轴上。制动强度可通过调整机械结构来改变，电磁抱闸分为断电制动型和通电制动型两

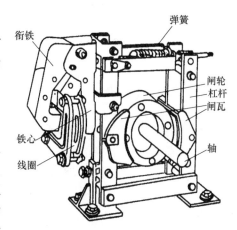

图 2-14　电磁抱闸的结构

种。断电制动型的性能：当线圈得电时，闸瓦与闸轮分开，无制动作用；当线圈失电时，闸瓦紧紧抱住闸轮制动。通电制动型的性能：当线圈得电时，闸瓦紧紧抱挂闸轮制动；当线圈失电时，闸瓦与闸轮分开，无制动作用。

（2）电磁抱闸断电制动控制电路

电磁抱闸断电制动控制电路如图 2-15 所示。电路的工作原理如下：

1）起动运转：合上电源开关 QS，按下起动按钮 SB$_1$，接触器 KM 线圈得电，其自锁触点和主触点闭合，电动机 M 便接通电源，同时电磁抱闸 YB 线圈得电，吸引衔铁与铁心闭合，衔铁克服弹簧拉力，迫使制动杠杆向上移动，从而使制动器的闸瓦与闸轮分开，电动机正常运转。

2）制动停转：按下停止按钮 SB$_2$，接触器 KM 线圈失电，其自锁触点和主触点分断，电动机 M 失电，同时电磁抱闸 YB 线圈也失电，衔铁与铁心分开，在弹簧拉力的作用下，闸瓦紧紧抱住闸轮，使电动机迅速制动而停转。

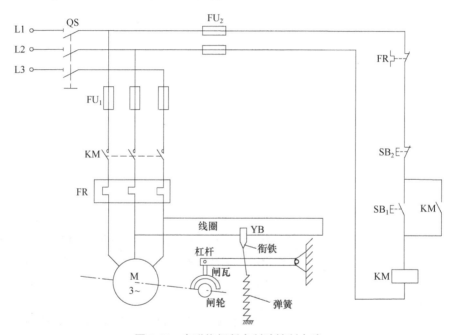

图 2-15　电磁抱闸断电制动控制电路

这种制动方法在起重机械上被广泛采用，其优点是能够准确定位，同时可防止电动机突然断电时重物的自行坠落。当重物起吊到一定高度时，按下停止按钮，电动机和电磁抱闸的线圈同时断电，闸瓦立即抱住闸轮，电动机立即制动停转，重物随之被准确定位。如果电动机在工作时，线路发生故障而突然断电，电磁抱闸同样会使电动机迅速制动停转，从而避免重物自行坠落的事故。这种制动方法的缺点是不经济，因电磁抱闸线圈耗电时间与电动机一样长。另外切断电源后，由于电磁抱闸的制动作用，使手动调整工件就变得很困难。因此，对要求电动机制动后能调整工件位置的机床设备不能采用这种制动方法，可采用下述通电制动控制电路。

（3）电磁抱闸通电制动控制电路

电磁抱闸通电制动控制电路如图 2-16 所示，这种制动方法与上述断电制动方法稍有不同。当电动机得电运转时，电磁抱闸线圈断电，闸瓦与闸轮分开无制动作用；当电动机失电需停转时，电磁抱闸线圈得电，使闸瓦紧紧抱住闸轮制动；当电动机处于停转常态时，电磁抱闸线圈也无电，闸瓦与闸轮分开，这样操作人员可以用手扳动主轴进行调整工件、对刀等操作。

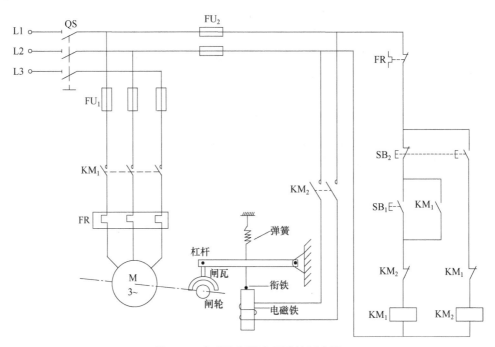

图 2-16　电磁抱闸通电制动控制电路

电路的工作原理如下：

1）起动运转：合上电源开关 QS，按下起动按钮 SB_1，接触器 KM_1 线圈得电，其自锁触点和主触点闭合，电动机 M 起动运转。由于接触器 KM_1 联锁触点分断，使接触器 KM_2 不能得电动作，所以电磁抱闸线圈无电，衔铁与铁心分开，在弹簧拉力的作用下，闸瓦与闸轮分开，电动机不受制动正常运转。

2）制动停转：按下复合按钮 SB_2，其常闭触点先分断，使接触器 KM_1 线圈失电，KM_1 自锁触点、主触点分断，电动机 M 失电，KM_1 联锁触点恢复闭合，待 SB_2 常开触点闭合后，接触器 KM_2 线圈得电，KM_2 主触点闭合，电磁抱闸 YB 线圈得电，铁心吸合衔铁，衔铁克服弹簧拉力，带动杠杆向下移动，使闸瓦紧抱闸轮，电动机被迅速制动而停转，KM_2 联锁触点分断对 KM_1 联锁。

2. 电磁离合器制动

电磁离合器制动的原理和电磁抱闸制动的原理类似，电动葫芦的绳轮常采用这种制动方法。图 2-17 所示为断电制动型电磁离合器的结构示意图，其结构及制动原理简述如下：

1）结构：电磁离合器主要由制动电磁铁（包括静铁心 1、动铁心 2 和励磁线圈 3）、静摩擦片 4、动摩擦片 5 以及制动弹簧 6 等组成。电磁铁的静铁心 1 靠导向轴（图 2-17 中未画出）连接在电动葫芦本体上，动铁心 2 与静摩擦片 4 固定在一起，并只能做轴向移动而不能绕轴转动。动摩擦片 5 通过连接法兰 7 与绳轮轴 8（与电动机共轴）由键 9 固定在一起，可随电动机一起转动。

2) 制动原理：电动机静止时，励磁线圈 3 无电，制动弹簧 6 将静摩擦片 4 紧紧地压在动摩擦片 5 上，此时电动机通过绳轮轴 8 被制动。当电动机通电运转时，励磁线圈 3 也同时得电，电磁铁的动铁心 2 被静铁心 1 吸合，使静摩擦片 4 与动摩擦片 5 分开，于是动摩擦片 5 连同绳轮轴 8 在电动机的带动下正常起动运转。当电动机切断电源时，励磁线圈 3 也同时失电，制动弹簧 6 立即将静摩擦片 4 连同动铁心 2 推向转动着的动摩擦片 5，强大的弹簧张力迫使动、静摩擦片之间产生足够大的摩擦力，使电动机断电后立即受制动停转。电磁离合器制动的控制电路与图 2-16 所示电路基本相同，读者可自行画出进行分析。

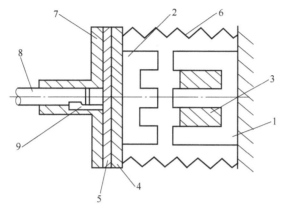

1—静铁心　2—动铁心　3—励磁线圈　4—静摩擦片　5—动摩擦片
6—制动弹簧　7—法兰　8—绳轮轴　9—键

图 2-17　断电制动型电磁离合器的结构示意图

2.3.2　电力制动

使电动机在切断电源停转的过程中，产生一个和电动机实际旋转方向相反的电磁转矩（制动转矩），迫使电动机迅速制动停转的方法叫电力制动。电力制动常用的方法有反接制动、能耗制动、电容制动和再生发电制动等，下面分别给予介绍。

1. 反接制动

依靠改变电动机定子绕组的电源相序来产生制动转矩，迫使电动机迅速停转的方法叫反接制动。其制动原理如图 2-18 所示。

在图 2-18a 中，当 QS 向上投合时，电动机定子绕组电源相序为 L1—L2—L3，电动机将沿旋转磁场方向（图 2-18 b 中顺时针方向）以 $n<n_1$ 的转速正常运转。当电动机需要停转时，可拉开开关 QS，使电动机先脱离电源（此时转子由于惯性仍按原方向旋转），随后将开关 QS 迅速向下投合，由于 L1、L2 两相电源线对调，电动机定子绕组电源相序变为 L2—L1—L3，旋转磁场反转（图 2-18 b 中逆时针方向），此时转子将以 n_1+n 的相对转速沿原转动方向切割旋转磁场，在转子绕组中产生感应电流，其方向用右手定则判断出，如图 2-18b 所示，而转子绕组一旦产生电流又受到旋转磁场的作用产生电磁转矩，其方向由左手定则判断，可见此转矩方向与电动机的转动方向相反，使电动机受制动迅速停转。

值得注意的是，当电动机转速接近零值时，应立即切断电动机电源，否则电动机将反转。为此，在反接制动设施中，为保证电动机的转速被制动到接近零值时，能迅速切断电源，防止反向起动，常利用速度继电器（又称反接制动继电器）来自动地及时切断电源。

2. 能耗制动

当电动机切断交流电源后，立即在定子绕组的任意二相中通入直流电，迫使电动机迅速停转的方法叫能耗制动。

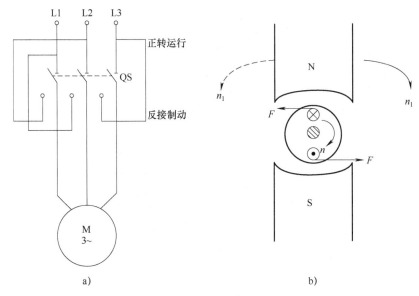

图 2-18　反接制动原理图

（1）无变压器半波整流能耗制动自动控制电路

无变压器半波整流单向起动能耗制动自动控制电路如图 2-19 所示，该电路采用单只二极管半波整流器作为直流电源，所用附加设备较少，线路简单，成本低，常用于 10kW 以下小容量电动机，且对制动要求不高的场合。

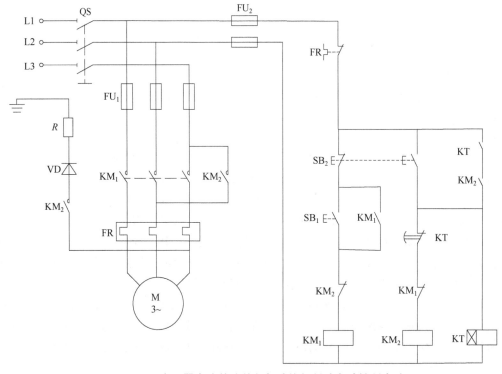

图 2-19　无变压器半波整流单向起动能耗制动自动控制电路

电路的工作原理如下：

1）单向起动运转：合上电源开关 QS，按下起动按钮 SB_1，KM_1 线圈得电，KM_1 主触点闭合，KM_1 自锁触点闭合自锁，电动机 M 起动运转，KM_1 联锁触点分断对 KM_2 联锁。

2）能耗制动停转：按下停止按钮 SB_2，SB_2 常闭触点先分断，KM_1 线圈失电，KM_1 主触点分断，KM_1 自锁触点分断解除自锁，M 暂失电，KM_1 联锁触点闭合；SB_2 常开触点后闭合，KM_2 和 KT 线圈得电，KM_2 主触点闭合，KM_2 自锁触点和 KT 常开触点瞬时闭合自锁，电动机 M 接入直流电能耗制动，KM_2 联锁触点分断对 KM_1 联锁；经 KT 整定时间，KT 延时打开的常闭触点分断，KM_2 线圈失电，KM_2 主触点分断，电动机 M 切断直流电源停转，能耗制动结束，KM_2 自锁触点分断，KT 线圈失电，KT 触点瞬时复位，KM_2 联锁触点恢复闭合。

图 2-19 中 KT 瞬时闭合常开触点的作用是当 KT 出现线圈断线或机械卡住等故障时，按下 SB_2 后能使电动机制动后脱离直流电源。

（2）有变压器全波整流能耗制动自动控制电路

对于 10kW 以上容量较大的电动机，多采用有变压器全波整流能耗制动自动控制电路。图 2-20 所示为有变压器全波整流单向起动能耗制动自动控制电路，其中直流电源由单相桥式整流器 VC 供给，TC 是整流变压器，电阻 R 用来调节直流电流，从而调节制动强度，整流变压器的一次侧与整流器的直流侧同时进行切换，有利于提高触点的使用寿命。

图 2-20 与图 2-19 的控制电路相同，所以其工作原理也相同，读者可自行分析。

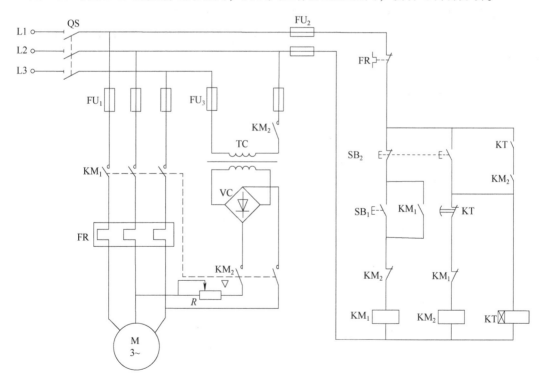

图 2-20 有变压器全波整流单向起动能耗制动自动控制电路

能耗制动的优点是制动准确、平稳，且能量消耗较小；缺点是需附加直流电源装置，设备费用较高，制动力较弱，在低速时制动转矩小。因此，能耗制动一般用于要求制动准确、平稳的场合，如磨床、柱式铣床等的控制电路中。

能耗制动时产生的制动转矩大小，与通入定子绕组中的直流电流大小、电动机的转速及转子电路中的电阻有关。电流越大，产生的静止磁场就越强，而转速越高，转子切割磁力线的速度就越快，产生的制动转矩也就越大。但对笼型异步电动机，增大制动转矩只能通过增大通入电动机的直流电流来实现，而通入的直流电流又不能太大，过大会烧坏定子绕组。

3. 电容制动

当电动机切断交流电源后，立即在电动机定子绕组的出线端接入电容器来迫使电动机迅速停转的方法叫电容制动。其制动原理：当旋转着的电动机断开交流电源时，转子内仍有剩磁，随着转子的惯性转动，有一个随转子转动的旋转磁场，这个磁场切割定子绕组产生感应电动势，并通过电容器回路形成感应电流，该电流与磁场相互作用，产生一个与旋转方向相反的制动转矩，对电动机进行制动，使它迅速停转。

电容制动控制电路如图 2-21 所示，其工作原理如下：

1）起动运转：合上电源开关 QS，按下起动按钮 SB$_1$，KM$_1$ 线圈得电，KM$_1$ 主触点闭合，KM$_1$ 自锁触点闭合自锁，电动机 M 起动运转，KM$_1$ 联锁触点分断对 KM$_2$ 联锁；KM$_1$ 常开辅助触点闭合，KT 线圈得电，KT 延时分断的常开触点瞬时闭合，为 KM$_2$ 得电做准备。

2）电容制动停转：按下停止按钮 SB$_2$，KM$_1$ 线圈失电，KM$_1$ 主触点分断，KM$_1$ 自锁触点分断解除自锁，电动机 M 失电惯性运转；KM$_1$ 联锁触点闭合，KM$_2$ 线圈得电，KM$_2$ 主触点闭合，电动机 M 接入三相电容进行电容制动至停转，KM$_2$ 联锁触点分断对 KM$_1$ 联锁；KM$_1$ 常开辅助触点分断，KT 线圈失电，经 KT 整定时间，KT 延时打开的常开触点分断，KM$_2$ 线圈失电，KM$_2$ 主触点分断，三相电容被切除，结束电容制动，KM$_2$ 联锁触点恢复闭合。

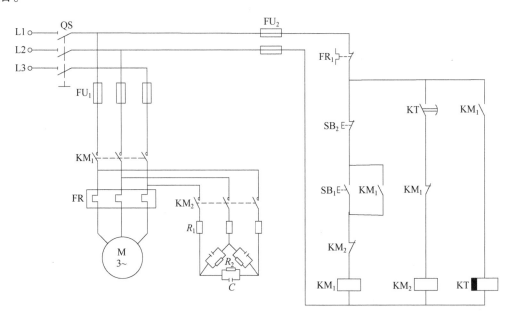

图 2-21　电容制动控制电路

实验说明，对于 5.5kW、△联结的三相异步电动机，无制动停车时间为 22s，采用电容制动后其停车时间仅需 1s；对于 5.5kW、丫联结的三相异步电动机，无制动停车时间为 36s，采用电容制动后仅为 2s。所以，电容制动是一种制动迅速、能量损耗小、设备简单的制动方法，一般用于 10kW 以下的小容量电动机，特别适用于存在机械摩擦和阻尼的生产机械和需要多台电动机同时制动的场合。

2.4 多地控制电路

多地控制设置多套起、停按钮，分别安装在设备的多个控制位置，故称多地控制。其控制特点为将起动按钮的常开触点并联，停止按钮的常闭触点串联。如图 2-22 所示，无论操作 SB_{11} 还是 SB_{21} 起动按钮，电动机起动，操作停止按钮 SB_{12} 或 SB_{22}，电动机均停止。

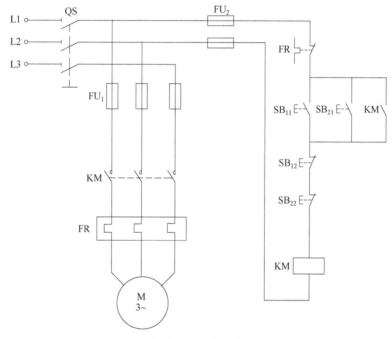

图 2-22 多地控制电路

习题与思考题

2-1 图 2-5 和图 2-6 均为电动机的正反转控制电路，二者在控制上有什么不同，各有什么优缺点？

2-2 分析图 2-23 所示控制电路的作用与工作原理。

2-3 图 2-24 所示为定子串电阻减压起动控制主电路，控制要求：起动时，KM_1 得电吸合，定子串入电阻 R 减压起动，电动机起动 5s 后 KM_2 得电吸合，KM_1 随之断电，电动机全压运行。试根据控制要求设计一继电器控制电路。

2-4 某车床控制电路要求在冷却泵起动后才可以起动主轴电动机，主轴电动机起动后才可以起动进给刀架，进给刀架为点动控制，主轴电动机可以正反转控制，冷却泵为单向旋转控制，停止时先停主轴电动机再停冷却泵。试根据控制要求设计控制电路。

2-5 图 2-20 为单向起动能耗制动控制电路，试设计一可逆运行能耗制动控制电路。

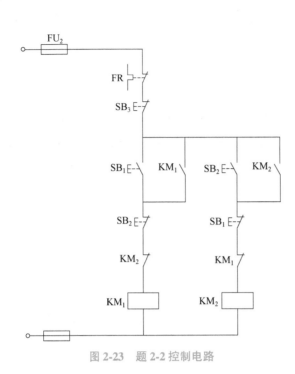

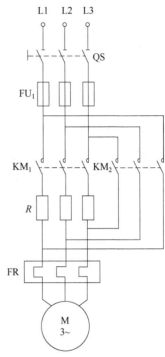

图 2-23 题 2-2 控制电路　　　　　　图 2-24 题 2-3 控制主电路

第3章

PLC基础知识

本章导读

什么是可编程序控制器（PLC）？PLC有哪些功能特征？如何理解PLC的工作原理和主要功能？相信这些问题一定是读者想了解的，本章的内容就是探讨和阐述这些基本问题。

本章的重点是掌握PLC的组成、工作原理和主要功能，梯形图和传统继电器控制电路图的联系和差别，理解PLC的主要性能指标，如何选择PLC型号，了解PLC的发展史、特点、分类、发展前景等。

3.1 PLC 发展史、特点

3.1.1 PLC 的诞生

在20世纪60年代，汽车生产流水线的自动控制系统，基本上都是由继电器控制装置构成的。当时汽车的每一次改型都直接导致继电器控制装置的重新设计和安装，随着生产的发展，汽车型号更新的周期愈来愈短，这样继电器控制装置就需要经常地重新设计和安装，十分费时、费工、费料，甚至阻碍了更新周期的缩短。为了改变这一状况，美国通用汽车公司（General Motors Corporation，GM）在1968年根据"多品种小批量、不断翻新汽车品牌型号"的战略提出设想：试图寻找一种新型控制器，以尽量减少重新设计和更换继电器控制系统的硬件和接线，减少维护与升级时间，降低成本。这就需要将计算机的功能完备、灵活、通用等优点与继电器控制系统简单易懂、操作方便、价格便宜等优点相结合，制作一种通用的控制装置满足生产需求。GM公司提出十项技术指标（有名的GM十条）：

1）编程简单，可在现场修改和调试程序。

2）维护方便，各部件最好采用插件方式。

3）可靠性高于继电器控制系统。

4）体积小于继电器控制装备。

5）可将数据直接送入计算机。

6）用户程序存储器容量至少可以扩展到4KB。

7）输入电压可以是交流115V。

8）输出电压为交流115V，能直接驱动电磁阀、交流接触器等。

9）通用性强，扩展方便。

10）成本上可与继电器控制系统竞争。

上述设计规格需要固态系统和计算机技术，并要求能够在工业环境中生存，也能够方便地编程，且可以重复使用。该控制系统将大大减少机器的停机时间，并为未来提供了可扩展性。该招标由美国数字设备公司（DEC）中标，于 1969 年研制出世界上第一台可编程序控制器，并在 GM 公司汽车自动装配线上试用，获得成功。紧接着，美国的 MODICON 公司研制出 084，日本在 1971 年引进此技术研制出 DSC-8，我国自 1971 年开始研制可编程控制器，1974 年实现工业应用。

这些早期的控制器满足了最初的要求，并且打开了新的控制技术的发展大门。自 PLC 问世以来，尽管时间不长，但发展迅速。为了使其生产和发展标准化，美国电气制造商协会（National Electrical Manufacturers Association，NEMA）经过四年的调查工作，于 1984 年首先将其正式命名为 PC（Programmable Controller），并给 PC 做了如下定义：

PC 是一个数字式的电子装置，它使用了可编程序的记忆体存储指令，用来执行诸如逻辑、顺序、计时、计数与演算等功能，并通过数字或类似的输入/输出模块，以控制各种机械或工作程序。一部数字电子计算机若是从事执行 PC 之功能，亦被视为 PC，但不包括鼓式或类似的机械式顺序控制器。

由于 PC 容易与个人计算机（Personal Computer，PC）混淆，人们习惯将 PLC 作为可编程序控制器的简称。

之后，国际电工委员会（IEC）又先后颁布了 PLC 标准的草案第一稿、第二稿，并在 1987 年 2 月通过了对它的定义：

可编程序控制器是一种数字运算操作的电子系统，专为在工业环境应用而设计的。它采用一类可编程的存储器，用于其内部存储程序，执行逻辑运算、顺序控制、定时、计数与算术操作等面向用户的指令，并通过数字式或模拟式输入/输出控制各种类型的机械或生产过程。可编程序控制器及其有关外部设备，都按易于与工业控制系统连成一个整体，易于扩充其功能的原则设计。

总之，可编程序控制器是一台计算机，它是专为工业环境应用而设计制造的计算机。它具有丰富的输入/输出接口，并且具有较强的驱动能力。但可编程序控制器产品并不针对某一具体工业应用，在实际应用时，其硬件需根据实际需要进行选用配置，其软件需根据控制要求进行设计编制。

3.1.2 PLC 的发展

PLC 的成长紧紧跟随了集成电路和计算机技术的发展历程：从小规模集成电路到大规模集成电路，再到超大规模集成电路；从 8 位微处理器到 16 位微处理器，再到 32 位微处理器，功能和应用领域得到了很大的发展。

从 PLC 产生到现在，已发展到第四代产品。其过程基本可分为：

第一代 PLC（1969—1972）：大多用一位机开发，用磁心存储器存储，只具有单一的逻辑控制功能，机种单一，没有形成系列化。

第二代 PLC（1973—1975）：采用了 8 位微处理器及半导体存储器，增加了数字运算、传送、比较等功能，能实现模拟量的控制，开始具备自诊断功能，初步形成系列化。

第三代 PLC（1976—1983）：随着高性能微处理器及位片式 CPU 在 PLC 中大量的使用，PLC 的处理速度大大提高，从而促使它向多功能及联网通信方向发展，增加了多种特殊功能，如浮点数的运算、三角函数、表处理、脉宽调制输出等，自诊断功能及容错技术发展迅速。

第四代 PLC（1984—现在）：不仅全面使用了 16 位、32 位高性能微处理器，高性能位片式微处理器能够精简指令系统 CPU 等高级 CPU，而且在一台 PLC 中配置多个微处理器，进行多通道处理，同时生产了大量内含微处理器的智能模块，使得第四代 PLC 产品成为具有逻辑控制功能、过程控制功能、运动控制功能、数据处理功能、联网通信功能的真正名符其实的多功能控制器。

3.1.3　PLC 的特点

PLC 是综合继电器–接触器控制的优点及计算机灵活、方便的优点而设计制造和发展的，这就使 PLC 具有许多其他控制器所无法相比的特点。

1. 可靠性高，抗干扰能力强

由 PLC 的定义可知，PLC 是专门为在工业环境下应用而设计的，因此人们在设计 PLC 时，从硬件和软件上都采取了抗干扰的措施，提高了其可靠性。

1）在 PLC 内部的微处理器和输入/输出电路之间，采用了光电隔离措施，有效地隔离了输入/输出间电的联系，减少了故障和误动作。

2）各输入端均采用 RC 滤波器，以消除或抑制高频干扰，其滤波时间常数一般为 10~20ms。

3）各模块均采用屏蔽措施，以防止辐射干扰。

4）采用性能优良的开关电源。

5）对采用的器件进行严格的筛选。

6）良好的自诊断功能，一旦电源或其他软、硬件发生异常情况，CPU 立即采用有效措施，以防止故障扩大。

大型 PLC 还可以由双 CPU 构成冗余系统或由三 CPU 构成表决系统，使可靠性进一步提高。

2. 可编程

PLC 控制系统控制作用的改变主要不是取决于硬件的改变，而是取决于程序的改变，即硬件柔性化。柔性化的结果使整个系统可靠性提高，给控制系统带来一系列好处。将计数器、定时器、继电器等器件融为一体，可靠性高，便于维护，节点利用率高，系统配置方便灵活。

3. 通用性强，使用方便

PLC 针对不同的工业现场信号具有丰富的 I/O 接口模块，如交流或直流、开关量或模拟量、电压或电流、脉冲或电位、强电或弱电等。它有相应的 I/O 模块与工业现场的器件或设备进行直接连接，如与按钮、行程开关、接近开关、传感器及变送器、电磁线圈、控制阀等直接连接。另外，为了提高操作性能，它还有多种人–机对话的接口模块；为了组成工业局部网络，它还有多种通信联网的接口模块，等等。

4. 采用模块化结构，使系统组合灵活方便

为了适应各种工业控制需要，除了单元式的小型 PLC 以外，绝大多数 PLC 均采用模块化结构。PLC 的各个部件，包括 CPU、电源、I/O 等均采用模块化设计，由机架及电缆将各模块连接起来，系统的规模和功能可根据用户的需要自行组合。

5. 编程语言简单、易学，便于掌握

PLC 的编程大多采用类似于继电器控制电路的梯形图形式，简单易学，对使用者来说，

不需要具备计算机的专门知识，因此很容易被一般工程技术人员所理解和掌握。

6. 安装简单，调试方便，维护工作量小

PLC 不需要专门的机房，可以在各种工业环境下直接运行，安装简单，维修方便。使用时只需将现场的各种设备与 PLC 相应的 I/O 端相连接，即可投入运行。各种模块上均有运行和故障指示装置，便于用户了解运行情况和查找故障。由于采用模块化结构，因此一旦某个模块发生故障，用户可以通过更换模块的方法，使系统迅速恢复运行。

3.2 PLC 的分类

PLC 一般从点数、功能、结构形式和流派等方面进行分类。以下介绍根据点数和功能分类，和根据结构形式分类。

1. 根据点数和功能分类

根据点数和功能可以将 PLC 分为小型、中型和大型：小型 PLC 的输入/输出端子数量为 256 点以下；中型 PLC 的输入/输出端子数量为 1024 点以下；大型 PLC 的输入/输出端子数量为 1024 点以上。

小型 PLC、中型 PLC 和大型 PLC 不光体现在输入/输出端子数量上的不同，更重要的是功能的差别。小型 PLC 主要用于完成逻辑运算、计时、计数、移位、步进控制等功能。中型 PLC，除小型 PLC 完成的功能外，还有模拟输入/输出、算术运算（+、−、×、÷）、数据传送、矩阵等功能。大型 PLC，除中型 PLC 完成的功能外，还有联网、监视、记录、打印、中断、智能、远程控制等功能。

另外，小型、中型和大型 PLC 的分类不是绝对的，有些小型 PLC 可以具备中型 PLC 的功能。

2. 根据结构形式分类

根据 PLC 的结构形式进行分类，主要有下面几种：

整体式（一体式、小型）：机构紧密、体积小、质量轻、价格低、不能扩展，适用于单机控制。

机架模块式：将 PLC 的各组成部分封装成单独的模块，如 CPU 模块（含存储器）、外扩的存储器、I/O 模块、电源模块及各种功能模块。模块式 PLC 由各种模块组成，模块装在框架或基板的插座上。模块式 PLC 的特点是配置灵活，可根据需要选配不同规模的系统，而且装配方便，便于扩展和维修，中大型 PLC 一般采用这种结构。

目前，市场上出现了将各自独立的 CPU 模块、电源模块、I/O 模块靠电缆进行连接，并且各模块可以层叠起来的 PLC，这种形式称为叠装式 PLC。叠装式 PLC 配置灵活，体积小巧。

3.3 PLC 的组成

PLC 是一种工业控制装置，由硬件系统和软件系统组成。本节只介绍 PLC 的硬件组成。

PLC 的硬件系统主要由中央处理器（CPU）、存储器、输入单元、输出单元等部分组成，如图 3-1 所示。其中，CPU 是 PLC 的核心；输入单元与输出单元是连接现场输入/输出设备与 CPU 之间的接口电路，也称为输入接口和输出接口。此外，PLC 的硬件系统还包括通信接口、扩展接口、编程器、电源等。

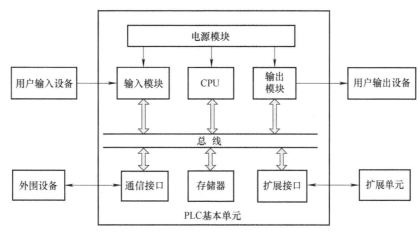

图 3-1　PLC 的硬件组成

整体式 PLC 的所有部件都装在同一机壳内；对于模块式 PLC，各部件封装成模块，各模块通过连接基板安装在机器或导轨上，其组成形式与整体式 PLC 不同，如图 3-2 所示。无论是哪种结构类型的 PLC，都可根据用户需要进行配置与组合。尽管整体式 PLC 与模块式 PLC 的结构不太一样，但各部分的功能作用是相同的，下面对 PLC 主要组成部分进行简单介绍。

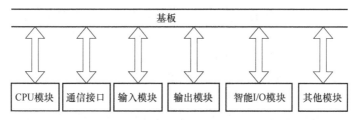

图 3-2　模块式 PLC 的硬件结构

1. 中央处理器

在 PLC 中的 CPU 包含控制器和运算器，通过执行系统程序，指挥 PLC 有条不紊地进行工作，归纳起来主要有以下几个方面：

1）接收从编程装置输入的用户程序和数据；

2）诊断电源、PLC 内部电路的工作故障和编程中的语法错误等；

3）通过输入接口接收现场的状态或数据，并存入输入映像寄存器或数据寄存器中；

4）从存储器逐条读取用户程序，经过解释后执行；

5）根据执行的结果，更新有关标志位的状态和输出映像器的内容，通过输出单元实现输出控制。有些 PLC 还具有制表打印或数据通信等功能。

2. 存储器

存储器主要有两种：一种是可读/写操作的随机存储器 RAM，另一种是只读存储器 ROM、PROM、EPROM 和 EEPROM。在 PLC 中，存储器主要用于存放系统程序、用户程序及工作数据。

系统程序是由 PLC 的制造厂家编写的，和 PLC 的硬件组成有关，用来完成系统诊断、命令解释、功能子程序调用管理、逻辑运算、通信及各种参数设定等功能，提供 PLC 运行的平台。系统程序关系到 PLC 的性能，而且在 PLC 使用过程中不会变动，所以是由制造厂家直接固化在只读存储器 ROM、PROM 或 EPROM 中的，用户不能访问和修改。

用户程序是随 PLC 的控制对象而定的，是由用户根据对象生产工艺的控制要求而编制的应用程序。为了便于读出、检查和修改，用户程序一般存于 CMOS 静态 RAM 中，用锂电池作为后备电源，以保证掉电时不会丢失信息。为了防止干扰对 RAM 中程序的破坏，当用户程序运行正常，不需要改变时，可将其固化在只读存储器 EPROM 中。现有许多 PLC 直接采用 EEPROM 作为用户存储器。

工作数据是 PLC 运行过程中经常变化、经常存取的一些数据，存放在 RAM 中，以适应随机存取的要求。在 PLC 的工作数据存储器中，设有存放输入/输出继电器、定时器、计数器等逻辑器件状态的存储区，这些器件的状态都是由用户程序的初始设置和运行情况而定的。根据需要，部分数据在掉电时用后备电池维持其现有的状态，这部分在掉电时可保存数据的存储区域称为保持数据区。

由于系统程序及工作数据与用户无直接联系，所以在 PLC 产品样本或使用手册中所列存储器的形式及容量是指用户程序存储器。当 PLC 提供的用户存储器容量不够用时，许多 PLC 还提供存储器扩展功能。

3. 输入/输出单元

输入/输出单元通常也叫 I/O 单元或 I/O 模块，是 PLC 与工业生产现场之间的连接接口部件。PLC 通过输入接口可以检测被控对象的各种数据，以这些数据作为 PLC 对被控对象进行控制的依据；同时，PLC 又通过输出接口将处理结果送给被控对象，以实现控制目的。

由于外部输入设备和输出设备所需的信号电平是多种多样的，而 PLC 内部 CPU 处理的信息只能是标准电平，所以 I/O 接口要实现这种转换。I/O 接口一般都具有光电隔离和滤波功能，以提高 PLC 的抗干扰能力。另外，I/O 接口上通常还有状态指示，直观显示工作状况便于维护。

PLC 提供了有多种操作电平和驱动能力的 I/O 接口，各种各样功能的 I/O 接口可供用户选用。I/O 接口的主要类型有：数字量（开关量）输入、数字量（开关量）输出、模拟量输入、模拟量输出等。

常用的开关量输入接口按其使用的电源不同有三种类型：直流输入接口、交流输入接口和交/直流输入接口。

常用的开关量输出接口有三种类型：继电器输出、晶体管输出和双向晶闸管输出。继电器输出接口可驱动交流负载，但其响应时间长，动作频率低；而晶体管输出接口和双向晶闸管输出接口的响应速度快，动作频率高，但前者只能用于驱动直流负载，后者只能用于驱动交流负载。

PLC 的 I/O 接口所能接受的输入信号个数和输出信号个数称为 PLC 输入/输出（I/O）点数。I/O 点数是选择 PLC 的重要依据之一，当系统的 I/O 点数不够时，可通过 PLC 的 I/O 扩展接口对系统进行扩展。

4. 通信接口

PLC 配有各种通信接口，这些通信接口一般都带有通信处理器。PLC 通过这些接口可与打印机、监视器、其他 PLC、计算机等设备实现通信。PLC 与打印机连接，可将过程信息、系统参数等输出打印；与监视器连接，可将控制过程图像显示出来；与其他 PLC 连接，可组成多机系统或连成网络，实现更大规模控制；与计算机连接，可组成多级分布式控制系统，实现控制与管理相结合。远程 I/O 也必须配备相应的通信接口模块。

5. 智能接口模块

智能接口模块是一独立的计算机系统，它有自己的 CPU、系统程序、存储器以及与 PLC 系统总线相连的接口。它作为 PLC 系统的一个模块，通过总线与 PLC 相连，进行数据交换，并在 PLC 的协调管理下独立地进行工作。

PLC 的智能接口模块种类很多，如高速计数模块、闭环控制模块、运动控制模块、中断控制模块等。

3.4　PLC 的工作原理

PLC 采用"顺序扫描，不断循环"的工作方式。当 PLC 投入运行后，从 0000 号存储地址所存放的第一条用户程序开始，在无中断或跳转的情况下，按存储地址号递增的方向顺序逐条执行用户程序，直到 END 指令结束；然后从头开始执行，并周而复始地重复，直到停机或从运行切换到停止工作状态。这种工作方式主要分为三个阶段，即输入采样阶段、用户程序执行阶段和输出刷新阶段。在整个运行期间，PLC 的 CPU 以一定的扫描速度重复执行上述三个阶段，如图 3-3 所示。

图 3-3　PLC 工作原理扫描示意图

1. 输入采样阶段

在输入采样阶段，PLC 以扫描方式依次地读入所有输入状态和数据，并将它们存入 I/O 映像区中的相应单元内。输入采样结束后，转入用户程序执行和输出刷新阶段。在这两个阶段中，即使输入状态和数据发生变化，I/O 映像区中相应单元的状态和数据也不会改变。因此，如果输入是脉冲信号，则该脉冲信号的宽度必须大于一个扫描周期，才能保证在任何情况下，该输入均能被读入。

2. 用户程序执行阶段

在用户程序执行阶段，PLC 总是按由上而下的顺序依次地扫描用户程序（梯形图）。在扫描每一条梯形图时，又总是先扫描梯形图左边的由各触点构成的控制线路，并按先左后右、先上后下的顺序对由触点构成的控制线路进行逻辑运算，然后根据逻辑运算的结果，刷新该逻辑线圈在系统 RAM 存储区中对应位的状态，或者刷新该输出线圈在 I/O 映像区中对应位的状态，或者确定是否要执行该梯形图所规定的特殊功能指令。即在用户程序执行过程中，只有输入点在 I/O 映像区内的状态和数据不会发生变化，而其他输出点和软设备在 I/O 映像区或系统 RAM 存储区内的状态和数据都有可能发生变化，而且排在上面的梯形图，其程序执行结果会对排在下面的凡是用到这些线圈或数据的梯形图起作用；相反，排在下面的梯形图，其被刷新的逻辑线圈的状态或数据只能到下一个扫描周期才能对排在其上面的程序起作用。

3. 输出刷新阶段

当扫描用户程序结束后，PLC 就进入输出刷新阶段。在此期间，CPU 按照 I/O 映像区内对应的状态和数据刷新所有的输出锁存电路，再经输出电路驱动相应的外设。这时，才是 PLC 的真正输出。

比较下面两个程序的异同：

程序 1：

```
      X0
0 ├──┤ ├─────────────────────────( M0 )
      M0
2 ├──┤ ├─────────────────────────( M1 )
      M1
4 ├──┤ ├─────────────────────────( M2 )
      M2
6 ├──┤ ├─────────────────────────( M3 )

8 ├──────────────────────────────[ END ]
```

程序 2：

```
      M2
0 ├──┤ ├─────────────────────────( M3 )
      M1
2 ├──┤ ├─────────────────────────( M2 )
      M0
4 ├──┤ ├─────────────────────────( M1 )
      X0
6 ├──┤ ├─────────────────────────( M0 )

8 ├──────────────────────────────[ END ]
```

程序 1 只用一次扫描周期就可完成对 M3 的刷新；程序 2 要用四次扫描周期才能完成对 M3 的刷新。

这个例子说明，同样的若干条梯形图其排列次序不同执行的结果也不同。另外，采用扫描用户程序的运行结果与继电器控制装置的硬逻辑并行运行的结果有所区别。当然，如果扫描周期所占用的时间对整个运行来说可以忽略，那么二者之间就没有什么区别了。

输入采样、用户程序执行和输出刷新构成了 PLC 用户程序的一个扫描周期。在 PLC 内部设置了监视定时器（就是平时所说的看门狗），用来监视每个扫描周期是否超出规定的时间，一旦超时，PLC 就停止工作，从而避免了由于 PLC 内部 CPU 出现故障使程序运行进入死循环。

PLC 的工作过程除了包括上述三个主要阶段外还要完成内部处理、通信服务等，即一个扫描周期等于内部处理、通信服务、输入采样、用户执行程序、输出刷新等所有时间的总和，如图 3-4 所示。一个循环周期结束之后，再开始新的周期，每个循环周期的时间长度随 PLC 的性能和程序不同而有所差别，一般为 10ms 左右。在 STOP 状态下，只完成内部处理和通信服

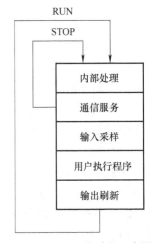

图 3-4　PLC 工作过程示意图

务。PLC 在内部处理阶段主要完成自检、自诊断等工作；PLC 在通信服务阶段主要负责通过网络和其他 PLC 或现场设备进行数据的交换。

从微观上来说，由于 PLC 采用了这种特定的先采集输入数据，再进行集中批处理的方式，就存在一定的输入/输出滞后现象，即当 PLC 的输入信号发生变化到 PLC 输出端对该输入变化作出反应，需要一段时间，这种现象称为 PLC 输入/输出响应滞后，这些对编程人员来说影响不大，但是运行用户程序状态时的工作方式，应引起广大编程人员注意。

为了改善和减少 PLC 输出的滞后问题，有些 PLC 生产厂家对 PLC 的工作过程做了改进，增加每个扫描周期中的输入采样和输出刷新的次数，或是增加立即读和立即写的功能，直接对输入和输出接口进行操作；另外，设计专用的特殊模块，用于运动控制等对延时苛刻的场合，也是一种很好的方案。

47

3.5　PLC 的编程语言

PLC 的用户程序是设计人员根据控制系统的工艺控制要求，通过 PLC 编程语言的编制设计的。国际电工委员会制定的工业控制编程语言标准（IEC 1131-3）有：

1）顺序功能图（Sequential Function Chart，SFC）语言；

2）梯形图（Ladder Diagram，LAD）语言；

3）功能块图（Function Block Diagram，FBD）语言；

4）语句表（Statement List，STL）语言；

5）结构文本（Structured Text，ST）语言。

不同编程语言编写的程序一般可以相互转换，不同的语言形式可以表达同样的逻辑关系。三菱 FX5U 系列 PLC 的主要编程语言有梯形图语言、语句表语言、结构文本语言、功能块图语言和顺序功能图语言。

3.5.1　梯形图语言

梯形图（LAD）语言是 PLC 程序设计中常用的编程语言，它是与继电器电路类似的一种编程语言。由于电气设计人员对继电器控制较为熟悉，因此，梯形图语言得到了广泛的欢迎和应用。

梯形图语言有以下特点：

1）梯形图语言是一种图形语言，沿用传统控制图中的继电器触点、线圈、串联等术语和一些图形符号，左右的竖线称为左右母线，右边的母线经常省去。

2）梯形图中只有常开和常闭接点（触点），接点可以是 PLC 输入点接的开关，也可以是 PLC 内部继电器的触点或内部寄存器、计数器等的状态。梯形图中的接点可以任意串、并联，但线圈只能并联不能串联。

3）内部继电器、计数器、寄存器等均不能直接控制外部负载，只能作为中间结果供 CPU 内部使用。

4）PLC 循环扫描事件，沿梯形图先后顺序执行，在同一扫描周期中的结果留在输出状态暂存器中，所以输出点的值在用户程序中可以当作条件使用。

5）梯形图语言与电气操作原理图相对应，具有直观性和对应性；与原有继电器控制相一致，电气设计人员易于掌握。

梯形图语言与原有继电器控制的不同点是，梯形图中的能流不是实际意义的电流，内部的继电器也不是实际存在的继电器，应用时需要与原有继电器控制的概念区别对待。图 3-5 是典型的交流异步电动机直接起动控制电路图，图 3-6 是采用 PLC 控制的梯形图。

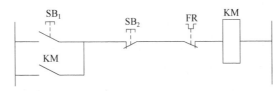

图 3-5　交流异步电动机直接起动控制电路图

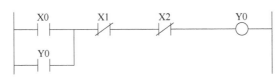

图 3-6　PLC 控制的梯形图

3.5.2　语句表语言

语句表（STL）语言是与汇编语言类似的一种助记符编程语言，和汇编语言一样由操作码和操作数组成。在无计算机的情况下，适合采用 PLC 手持编程器对用户程序进行编制。同时，语句表与梯形图一一对应，在 PLC 编程软件下一般可以相互转换。图 3-7 就是与图 3-6 PLC 梯形图对应的语句表。

0	LD	X0
1	OR	Y0
2	ANI	X1
3	ANI	X2
4	OUT	Y0

图 3-7　PLC 的语句表

语句表编程语言的特点：采用助记符来表示操作功能，容易记忆，便于掌握，但不够形象；在手持编程器的键盘上采用助记符表示，便于操作，可在无计算机的场合进行编程设计；与梯形图有一一对应关系，其特点与梯形图语言基本一致。

语句表语言适合于经验丰富的程序员使用，有时可以实现某些梯形图语言不能实现的功能。

3.5.3　顺序功能图语言

顺序功能图（SFC）语言是为了满足顺序逻辑控制而设计的编程语言。编程时将顺序流程动作的过程分成步和转移条件，根据转移条件对控制系统的功能流程顺序进行分配，一步一步地按照顺序动作。每一步代表一个控制功能任务，用方框表示，在方框内含有用于完成相应控制功能任务的梯形图逻辑。这种编程语言使程序结构清晰，易于阅读及维护，大大减轻了编程的工作量，缩短了编程和调试时间，用于系统规模较大、程序关系较复杂的场合。图 3-8 是一个简单的顺序功能图编程语言的示意图。

顺序功能图编程语言的特点：以功能为主线，按照功能流程的顺序分配控制任务，条理清楚，便于对用户程序的理解；避免了梯形图或其他语言不能顺序动作的缺陷，同时也避免了用梯形图语言对顺序

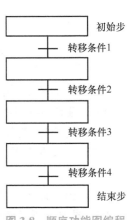

图 3-8　顺序功能图编程语言的示意图

动作编程时，由于机械互锁造成用户程序结构复杂、难以理解的缺陷。

3.6 FX5U 的 CPU 模块与硬件端子连接

FX5U 是三菱小型 PLC 系列之一，适用于各行各业以及各种场合中的检测、监测及控制的自动化。FX5U 的强大功能使其无论在独立运行中，还是相连成网络皆能实现复杂控制功能，因此 FX5U 具有极高的性能价格比，如图 3-9 所示。

FX5U PLC 的型号说明如图 3-10 所示，CPU 的工作电源、输入端子电源和输出端子电源一般为 DC/DC/DC 和 AC/DC/RLY，一般 PLC 还提供一个 24V 的传感器输出电源，供周边的传感器使用，也可以用作本机输入/输出端子的电源。图 3-11 是 DC 24V 漏型、源型输入端接线示意图，图 3-12 是继电器输出端接线示意图，图 3-13 是晶体管输出端接线示意图。

不同 PLC 的输入/输出端子的接线可能不同，一定注意阅读手册。PLC 接线端子的电源一定不能接错，否则会造成 PLC 不能正常工作，甚至造成 PLC 硬件损坏。

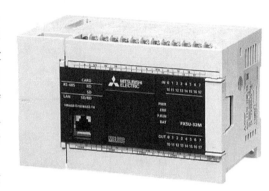

图 3-9 FX5U CPU 模块

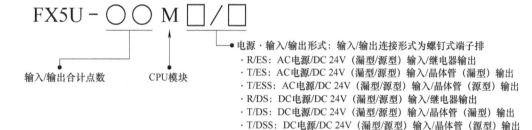

图 3-10 FX5U PLC 的型号说明

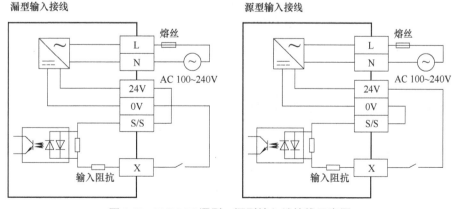

图 3-11 DC 24V 漏型、源型输入端接线示意图

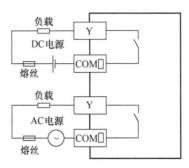

[COM□] 的 □ 中为公共端编号

图 3-12 继电器输出端接线示意图

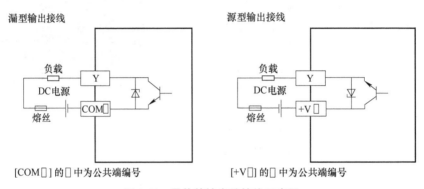

图 3-13 晶体管输出端接线示意图

端子排列的阅读方法如图 3-14 所示，连接在公共端（COM□）上的输出是由 1 点、2 点、3 点、4 点中的某一个单位共用 1 个公共端构成的，每个公共端上具体和哪个输出端口配对，就是图 3-13 中的"分割线"，即用粗线框出的范围。晶体管（源型）输出端的"COM□"端子，即"+V□"端子。

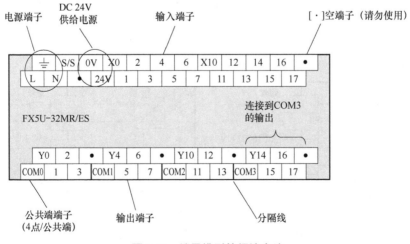

图 3-14 端子排列的阅读方法

习题与思考题

3-1　PLC 有哪些特点?

3-2　PLC 是如何分类的?

3-3　PLC 的主要性能指标是什么?

3-4　PLC 常用的编程语言有哪些?

第4章

PLC基本指令系统与编程

本章导读

在 FX 的指令系统中，有两类基本指令集：FX 指令集及 IEC 1131-3 指令集。FX 指令集是三菱公司专为 PLC 设计的，FX5U 可以用梯形图、结构文本、功能块图和顺序功能图等编程语言进行编程。本章将以梯形图和语句表编程语言介绍 FX 的指令系统，在第 6 章主要介绍顺序功能图（SFC）编程语言。FX 编程软件的使用也是本章的重点。

FX 的指令系统功能强大，内容丰富。随着控制系统的要求越来越高，其指令系统也在不断地丰富。最初为取代继电器而开发的指令称为基本指令，为扩展 PLC 的功能发展出来的指令称为功能指令或应用指令。本章将系统地介绍 FX 的指令，主要包括：

1）位操作指令，包括逻辑控制指令、定时器/计数器指令和比较指令。

2）运算指令，包括四则运算、逻辑运算、数学函数指令。

3）数据处理指令，包括传送、移位、字节交换和填充指令。

4.1 位操作指令

4.1.1 基本位逻辑指令

1. 装载指令 LD、LDI

装载指令见表 4-1。

表 4-1　装载指令

语 句 表	梯 形 图	说　明	对象软元件
LD　对象软元件	对象软元件 ─┤├─	以常开触点"对象软元件"为起始引出一行新程序	X、Y、M、T、C、S、D□.b
LDI　对象软元件	对象软元件 ─┤/├─	以常闭触点"对象软元件"为起始引出一行新程序	单位：位，如 X1、Y7、D20.0

装载指令使用说明：

1）LD 指令总是从母线（包括在分支点引出的母线）引出一个常开触点。

2）LDI 指令总是从母线引出一个常闭触点。

2. 触点串联指令 AND、ANI 和并联指令 OR、ORI

触点串并联指令见表 4-2。

表 4-2　串点串并联指令

语 句 表	梯 形 图	说 明	对象软元件
AND　对象软元件	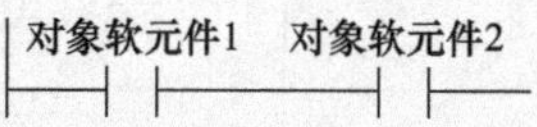 对象软元件1　对象软元件2	常开触点"对象软元件 2"与常开触点"对象软元件 1"串联连接	X、Y、M、T、C、S、D□. b 单位：位，如 X1、Y17、D20. 0
ANI　对象软元件	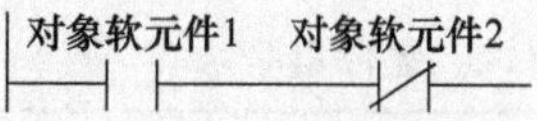 对象软元件1　对象软元件2	常闭触点"对象软元件 2"与常开触点"对象软元件 1"串联连接	
OR　对象软元件	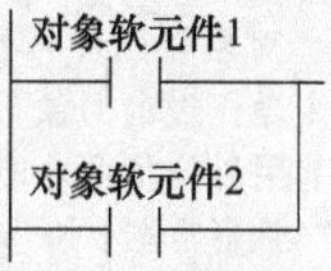 对象软元件1 对象软元件2	常开触点"对象软元件 2"与常开触点"对象软元件 1"并联连接	
ORI　对象软元件	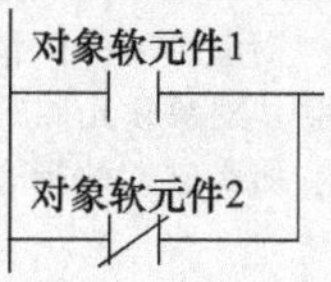 对象软元件1 对象软元件2	常闭触点"对象软元件 2"与常开触点"对象软元件 1"并联连接	

触点串并联指令使用说明：

1）AND、ANI 指令应用于单个触点的串联，可连续使用。

2）OR、ORI 指令应用于并联单个触点，紧接在 LD、LDI 指令之后使用，可以连续使用。

3. 输出指令 OUT

输出指令见表 4-3。

表 4-3　输出指令

语 句 表	梯 形 图	说 明	对象软元件
OUT　对象软元件	 对象软元件	线圈左边所有的触点闭合时，线圈得电，否则线圈失电	Y、M、T、C、S、D□. b 单位：位，如 Y7、D20. 0

输出指令使用说明：

1）输出指令不能用于输入继电器（X）。

2）可以连续使用，构成并联输出。

3）输出指令的操作数一般不能重复使用。例如，在程序中一般不要多次出现"OUT Y0"。

自锁电路的梯形图和语句表如图 4-1 所示。功能描述：按下按钮 X0 后立即松开，电路中 Y0 依然接通，当按下按钮 X1 后 Y0 才断开。

4. 置位指令 SET 和复位指令 RST

置位、复位指令见表 4-4。

置位、复位指令使用说明：

1）与 OUT 指令不同，SET 或 RST 指令可以多次使用同一个操作数（如图 4-1 中的 Y0）。

53

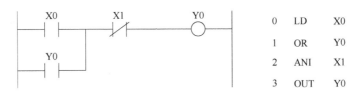

图 4-1 自锁电路的梯形图和语句表

表 4-4 置位、复位指令

语 句 表	梯 形 图	说　　明	对象软元件
SET 对象软元件	SET 对象软元件	将该"对象软元件"置位为"1"。被该指令操作过的对象具有自保持功能，只能用复位指令才能使该"对象软元件"恢复常态	Y、M、S、D□. b 单位：位，如 Y7、D20.0
RST 对象软元件	RST 对象软元件	将该"对象软元件"清"0"，并保持。如果"对象软元件"是定时器或计数器，那么它们的标志位和当前值被清"0"	Y、M、S、D□. b、T、C、D、R、V、Z 单位：位，如 Y7、D20.0

2）操作数被置"1"后，必须通过复位指令才能清"0"。

通过图 4-2 可以看出，按下 X0（点动按钮）后，Y0 可以保持接通，无须再加自保持电路，直到按下 X1 后给 Y0 复位。

图 4-2 置位、复位指令的使用

5. 边沿触发指令 LDP、ANDP、ORP、LDF、ANDF 和 OPF

边沿触发指令见表 4-5。边沿触发指令可以用来检测开关信号的变化（出现与消失）。

表 4-5 边沿触发指令

语 句 表	梯 形 图	说　　明	对象软元件
LDP 对象软元件、ANDP 对象软元件、ORP 对象软元件	对象软元件　、对象软元件　、对象软元件	上升沿发指令，当捕捉到"对象软元件"出现上升沿后，该"对象软元件"导通一个扫描周期	X、Y、M、S、D□. b、T、C 单位：位，如 Y7、D20.0
LDF 对象软元件、ANDF 对象软元件、ORF 对象软元件	对象软元件　、对象软元件　、对象软元件	下降沿发指令，当捕捉到"对象软元件"出现下降沿后，该"对象软元件"导通一个扫描周期	

边沿触发指令的应用如图 4-3 所示。当检测到 X0 上升沿时，Y0 导通一个扫描周期；当

检测到 X2 下降沿时，Y2 导通一个扫描周期。

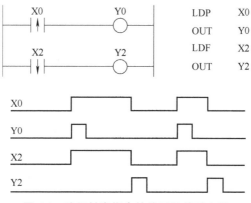

图 4-3　边沿触发指令的使用及其时序图

6. 运算结果取反指令 INV

运算结果取反指令见表 4-6。

表 4-6　运算结果取反指令

语 句 表	梯 形 图	说 明
INV		指令用于将前面的 RLO 结果取反，无操作数

运算结果取反指令的应用如图 4-4 所示。当 X0 为高电平时，取反，Y0 线圈不得电；当 X0 为低电平时，取反，Y0 线圈得电。

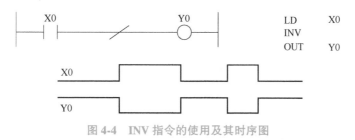

图 4-4　INV 指令的使用及其时序图

4.1.2　复杂电路指令

触点块串联（并联）指令 ANB（ORB）

触点块由两个以上的触点构成，触点块中的触点可以是串联连接，或者是并联连接，也可以是混联连接。触点块串并联指令见表 4-7。

表 4-7　触点块串并联指令

语 句 表	梯 形 图	说 明	操 作 数
ANB	n1　　　　n2 n3　　　　n4	n1、n3 为电路模块 1，n2、n4 为电路模块 2，用 ANB 指令把电路模块 2 与电路模块 1 串联起来	无

（续）

语 句 表	梯 形 图	说 明	操 作 数
ORB	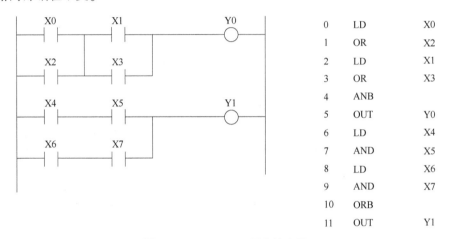	n1、n2 为电路模块 1，n3、n4 为电路模块 2，用 ORB 指令把电路模块 2 与电路模块 1 并联起来	无

触点块串联（并联）指令使用说明（见图 4-5）：

1）并联电路模块串联时，分支电路起始用 LD　n 或 LDI　n；模块串联结束用 ANB，分支电路内部编程不变。

2）串联电路模块并联时，分支电路起始用 LD　n 或 LDI　n；模块并联结束用 ORB，分支电路内部编程不变。

56

0	LD	X0
1	OR	X2
2	LD	X1
3	OR	X3
4	ANB	
5	OUT	Y0
6	LD	X4
7	AND	X5
8	LD	X6
9	AND	X7
10	ORB	
11	OUT	Y1

图 4-5　ANB、ORB 指令的应用

4.2　定时器指令及其应用

FX5U CPU 系列的 PLC 有两种类型的定时器：

1）定时器（T）：通电延时定时器，定时器的线圈变为 ON 时开始计测。定时器的当前值与设置值一致时将变为时限到，定时器的触点将变为 ON。将定时器的线圈置为 OFF 时当前值将变为 0，定时器的触点也将变为 OFF。

2）累计定时器（ST）：计测线圈处于 ON 状态的时间。累计定时器的线圈为 ON 时开始计测，当前值与设置值一致（时限到）时，累计定时器的触点将变为 ON。累计定时器的线圈即使变为 OFF，当前值及触点也将保持 ON/OFF 状态。线圈再次变为 ON 时，从保持的当前值开始重新计测。通过 RST ST□指令，进行累计定时器当前值的清除及触点的 OFF。

通过定时器的指定（指令的写法）可以将定时器指定为低速定时器、定时器和高速定时器，分别用 OUT、OUTH、OUTHS 指定，即分别定义 100ms、10ms 和 1ms 三种脉冲实现精确定时。

例如，即使是相同的 T0，指定 OUT T0 时为低速定时器（100ms），指定 OUTH T0 时为定时器（10ms），指定 OUTHS T0 时为高速定时器（1ms）。累计定时器也同样定义。

1. 定时器（T）使用说明

1）当定时器线圈得电时，定时器开始计时；任何时候当定时器线圈失电时，定时器复位，即定时器输出标志位为 0，定时器当前值复位为 0。

2）当定时器当前值大于等于设定值时，定时器动作，定时器被置位，常开触点闭合，常闭触点断开。

3）使用举例：

现以 T0 定时器为例，如图 4-6 所示。定时器线圈 T0 的驱动输入 X0 接通时，T0 的当前值计数器对 100ms 的时钟脉冲进行累积计数，当该值与设定值 K10 相等时，定时器的标志位（常开触点）就接通，即该定时器的常开触点是在驱动线圈得电 1s（100ms×10 = 1000ms）后闭合的。

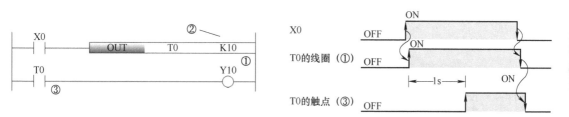

图 4-6　通电延时定时器

驱动输入 X0 断开时，或发生停电时，计数器就复位，标志位（输出触点）也复位，即定时器的当前值和标志位复位。

如图 4-7 所示，定时器线圈 T0 的驱动输入 X0 接通时，T0 的当前值计数器对 10ms 的时钟脉冲进行累积计数，当该值与设定值 K10 相等时，定时器的标志位（常开触点）就接通，即该定时器的常开触点是在驱动线圈得电 0.1s（10ms×10 = 100ms）后闭合的。

图 4-7　10ms 延时定时器

2. 累计定时器（ST）使用说明

1）当累计定时器线圈得电时，定时器开始计时；当定时器当前值大于等于设定值时，定时器动作，定时器被置位，常开触点闭合，常闭触点断开。

2）当累计定时器当前值小于设定值时，若定时器线圈断电，则定时器的当前值保存，等到定时器线圈再次得电时，定时器从之前的当前值基础上继续计时，如果使能输入端再断电，当前值继续保存，使能端再接通时，ST 再次从当前值处继续计数，以此重复，直到计时达到设定值。

3）通过 RST ST□指令，将累计定时器的当前值清除和设置触点为 OFF。

4）使用举例：

现以 ST0 定时器为例，如图 4-8 所示。定时器线圈 ST0 的驱动输入 X0 接通时，ST0 的当前值计数器对 100ms 的时钟脉冲进行累积计数，当该值与设定值 K200 相等时，定时器的标志位（常开触点）就闭合，即该定时器的常开触点是在驱动线圈得电 20s（100ms×200 =

20s）后闭合的。若驱动输入 X0 使能在 15s 后断开，ST0 当前值保持 150 不变，当 X0 再次使能，ST0 从当前值 150 开始计数，当当前值计数到 200 时，ST0 的常开触点闭合，只有当驱动输入 X1 接通时，才清除 ST0 当前值清除和设置触点为 OFF。

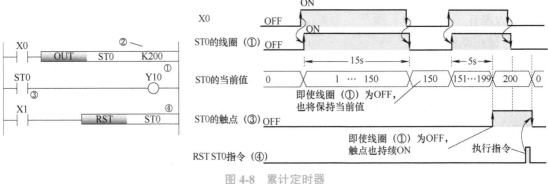

图 4-8　累计定时器

58

3. 定时器应用举例

例 4-1　使某个输出保持一定时间，如图 4-9 所示。

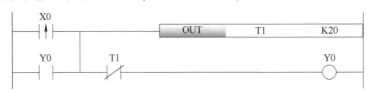

图 4-9　定时器的应用

程序说明：按下 X0 后，Y0 和 T1 线圈得电，Y0 自锁，T1 延时 2s 后，T1 常闭触点断开，Y0 线圈失电。

例 4-2　占空比可调的脉冲发生器（谐振电路），如图 4-10 所示。

程序说明：按下 X0 后，T1 线圈得电，延时 1s 后，T1 常开触点闭合，Y0 和 T2 线圈得电，T2 延时 4s 后，T2 常闭触点断开，T1 线圈失电复位，T1 常开触点恢复原状（断开），Y0 和 T2 线圈失电复位，T2 的常闭触点恢复原状（闭合），T1 线圈得电，延时 1s 后，T1 常开触点闭合，Y0 和 T2 线圈得电，开始循环定时。Y0 输出 4s 的高电平、1s 的低电平、周期为 5s 的连续脉冲，若要改变占空比或脉冲周期，只要将 T1 和 T2 的设定值改变即可。

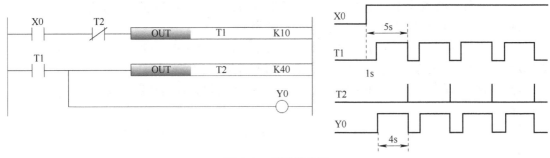

图 4-10　脉冲发生器

例 4-3　使用通电延时定时器实现断电延时功能，如图 4-11 所示。

程序说明：当按下 X0 后，Y0 线圈得电，Y0 自锁；当 X0 断开后，T1 线圈得电，延时

20s 后，T1 常闭触点断开，Y0 线圈失电，Y0 自锁解除，T1 线圈失电复位。

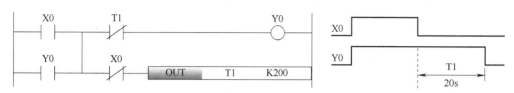

图 4-11　使用通电延时定时器实现断电延时功能

4.3　计数器指令及其应用

计数器是在程序中对输入条件的上升沿次数进行计数的软元件。计数器有 16 位保持的计数器（C）和 32 位保持的超长计数器（LC）。

1）计数器（C）：使用 1 个字，可计数范围为 0~32767。

2）32 位保持的超长计数器（LC）：使用 2 个字，可计数范围为 0~4294967295。

1. 普通计数器

OUT 指令之前的运算结果由 OFF 变为 ON 时，将计数器的当前值+1，如果计数到设定值，计数器的常开触点闭合，常闭触点断开。

1）如图 4-12 所示，当检测到 X0 上升沿时，驱动一次 C0 线圈，计数器的当前值就会增加 1，在第 10 次执行线圈指令时 C0 触点动作。

此后，即使计数输入 X0 动作，计数器的当前值也不会变化。

如果输入复位 X10 为 ON，执行 RST 指令，计数器的当前值变为 0，计数器触点复位。

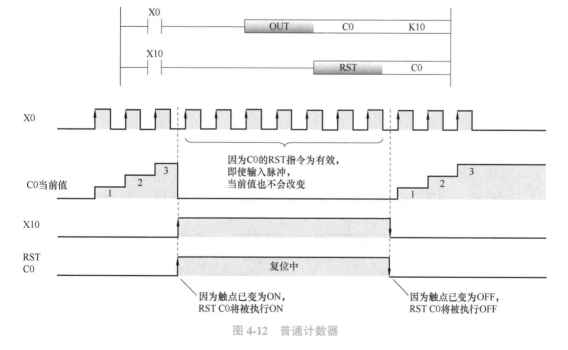

图 4-12　普通计数器

2）作为计数器的设定值，除了可以通过上述的常数 K 进行设定以外，还可以通过数据寄存器编号进行指定。例如，指定 D10 后，D10 的内容如果是 123，就等同于 K123 的设定。

3）停电保持用的情况下，计数器的当前值和输出触点的动作、复位状态都会被停电保持。计数器的停电保持是通过 PLC 内置的备用电池执行的。

2. 加计数器

加计数器（CTU）对计数信号输入端上升沿次数进行递增计数，当使能端 EN 为 ON 时，CU 端由 OFF→ON，则对 CV 进行加法计数（+1）。如果 CV 值=PV 值，则 Q 变为 ON，加法计数 CV 停止计数。当使能端 EN 为 OFF 时，加法计数 CV 停止计数。如果 R 置为 ON，则 Q 和 CV 当前值被置为 0。加计数器功能模块端口定义见表 4-8，图 4-13 所示为加计数器 PV=3 的程序和时序图。

表 4-8　加计数器功能模块端口定义

自　变　量	内　　容	变量和数据类型
EN	执行条件（TRUE：执行，FALSE：停止）	输入变量 BOOL
CU	计数信号输入	输入变量 BOOL
R	计数值复位	输入变量 BOOL
PV	计数器设置值	输入变量 INT
ENO	输出状态（TRUE：正常，FALSE：异常或停止）	输出变量 BOOL
Q	当计数到达设置值时，输出 ON	输出变量 BOOL
CV	计数器当前值	输出变量 INT

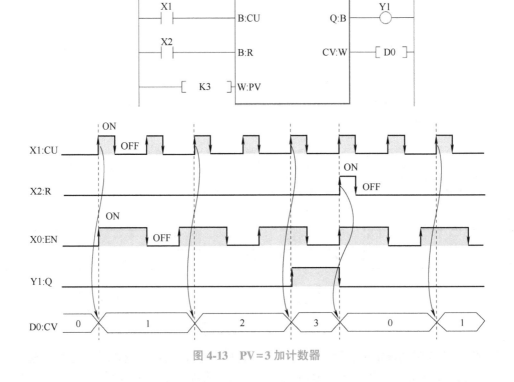

图 4-13　PV=3 加计数器

3. 减计数器

减计数器（CTD）对计数信号输入端上升沿次数进行递减计数，当使能端 EN 为 ON 时，CD 端由 OFF→ON，则对 CV 进行减法计数（−1）。如果 CV 值 = 0，则 Q 变为 ON，减法计数 CV 停止计数。当使能端 EN 为 OFF 时，减法计数 CV 停止计数。如果 LD 为 ON，则 Q 被置为 0 和装载 CV 值 = PV 值。减计数器功能模块端口定义见表 4-9，图 4-14 所示为减计数器 PV = 3 的程序和时序图。

表 4-9　减计数器功能模块端口定义

自 变 量	内 容	变量和数据类型
EN	执行条件（TRUE：执行，FALSE：停止）	输入变量 BOOL
CD	计数信号输入	输入变量 BOOL
LD	装载计数值	输入变量 BOOL
PV	计数器设置值	输入变量 INT
ENO	输出状态（TRUE：正常，FALSE：异常或停止）	输出变量 BOOL
Q	当计数到达设置值时，输出 ON	输出变量 BOOL
CV	计数器当前值	输出变量 INT

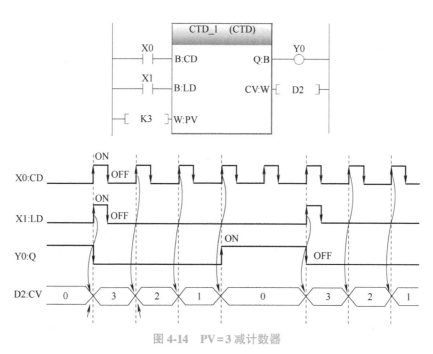

图 4-14　PV = 3 减计数器

4. 加减计数器

加减计数器（CTUD）对计数信号输入端上升沿次数进行加减计数。

1）加计数：当 CU 端由 OFF→ON 时，则对 CV 进行加法计数（+1）。如果 CV 值 = PV 值，则 QU 变为 ON，加法计数 CV 停止计数。如果 R 为 ON，则 QU 和 CV 当前值被置为 0。

2）减计数：当 CD 端由 OFF→ON 时，则对 CV 进行减法计数（−1）。如果 CV 值 = 0，则 QD 变为 ON，减法计数 CV 停止计数。如果 LD 为 ON，则 QD 被置为 0 和装载 CV 值 = PV 值。

3）如果 CU、CD 同时由 OFF→ON，CU 优先对 CV 进行加法计数（+1）。如果 R、LD 同时为 ON，R 优先将 CV 设置为 0。

加减计数器功能模块端口定义见表 4-10, 图 4-15 所示为加减计数器 PV＝3 的程序和时序图。

表 4-10　加减计数器功能模块端口定义

自　变　量	内　　　容	变量和数据类型
EN	执行条件（TRUE：执行，FALSE：停止）	输入变量 BOOL
CU	加计数信号输入	输入变量 BOOL
CD	减计数信号输入	输入变量 BOOL
R	计数值复位	输入变量 BOOL
LD	装载计数值	输入变量 BOOL
PV	计数器设置值	输入变量 INT
ENO	输出状态（TRUE：正常，FALSE：异常或停止）	输出变量 BOOL
QU	加计数完成	输出变量 BOOL
QD	减计数完成	输出变量 BOOL
CV	计数器当前值	输出变量 INT

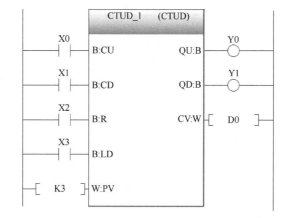

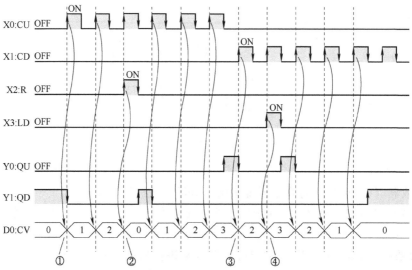

① 通过X0(CU)的OFF→ON对D0(CV)进行递增计数　② 通过X2(R)的OFF→ON将D0(CV)进行初始化
③ 通过X1(XD)的OFF→ON对D0(CV)进行递减计数　④ 通过X3(LD)的OFF→ON将D0(CV)进行初始化

图 4-15　PV＝3 加减计数器

5. 高速计数器

高速计数器使用 CPU 模块的通用输入端子及高速脉冲 I/O 模块，对普通计数器无法计测的高速脉冲的输入进行计数。高速计数器的动作模式有以下三种：

1）普通模式：作为一般的高速计数器使用。

2）脉冲密度测试模式：测定从输入脉冲开始到指定时间内的脉冲个数。

3）转速测定模式：测定从输入脉冲开始到指定时间内的转速。

（1）高速计数器的类型

高速计数器的类型有 1 相 1 输入计数器（S/W）、1 相 1 输入计数器（H/W）、1 相 2 输入计数器、2 相 2 输入计数器（1 倍频）、2 相 2 输入计数器（2 倍频）、2 相 2 输入计数器（4 倍频）和内部时钟。图 4-16 所示为 1 相 1 输入计数器（S/W）的计数方法，图 4-17 所示为 1 相 1 输入计数器（H/W）的计数方法，两者的区别在于 S/W 方式通过软件输入改变计数方向切换位，而 H/W 方式则通过硬件输入改变计数方向切换输入。图 4-18 所示为 1 相 2 输入计数器的计数方法，图 4-19~图 4-21 分别为 2 相 2 输入计数器（1 倍频）、2 相 2 输入计数器（2 倍频）、2 相 2 输入计数器（4 倍频）的计数方法。图 4-22 所示为内部时钟的计数方法。

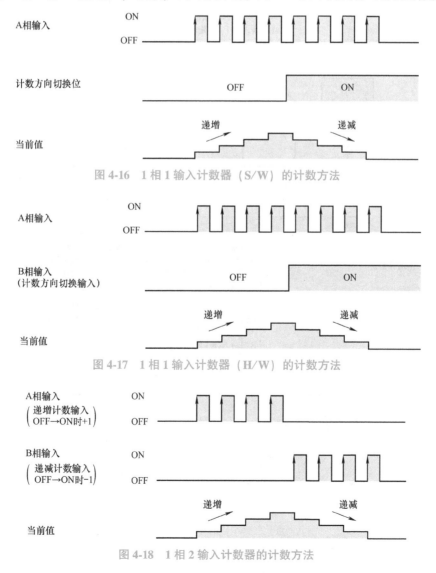

图 4-16　1 相 1 输入计数器（S/W）的计数方法

图 4-17　1 相 1 输入计数器（H/W）的计数方法

图 4-18　1 相 2 输入计数器的计数方法

递增/递减动作	计数时机
递增计数时	A相输入ON而B相输入OFF→ON变化时计数递增1
递减计数时	A相输入ON而B相输入ON→OFF变化时计数递减1

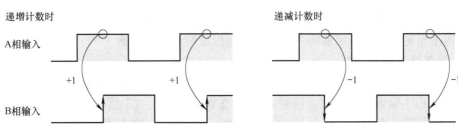

图 4-19　2 相 2 输入计数器（1 倍频）的计数方法

递增/递减动作	计数时机
递增计数时	A相输入ON而B相输入OFF→ON变化时计数递增1 A相输入OFF而B相输入ON→OFF变化时计数递增1
递减计数时	A相输入ON而B相输入ON→OFF变化时计数递减1 A相输入OFF而B相输入OFF→ON变化时计数递减1

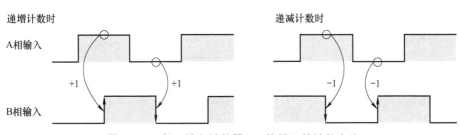

图 4-20　2 相 2 输入计数器（2 倍频）的计数方法

递增/递减动作	计数时机
递增计数时	B相输入OFF而A相输入OFF→ON变化时计数递增1 A相输入ON而B相输入OFF→ON变化时计数递增1 B相输入ON而A相输入ON→OFF变化时计数递增1 A相输入OFF而B相输入ON→OFF变化时计数递增1
递减计数时	A相输入OFF而B相输入OFF→ON变化时计数递减1 B相输入ON而A相输入OFF→ON变化时计数递减1 A相输入ON而B相输入ON→OFF变化时计数递减1 B相输入OFF而A相输入ON→OFF变化时计数递减1

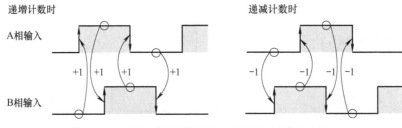

图 4-21　2 相 2 输入计数器（4 倍频）的计数方法

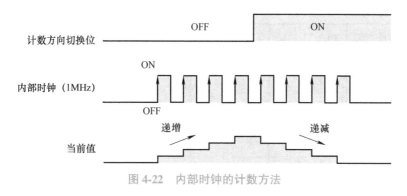

图 4-22 内部时钟的计数方法

（2）FX5U 高速计数器的可计数最高频率

FX5U 高速计数器的可计数最高频率见表 4-11。

表 4-11 FX5U 高速计数器的可计数最高频率

计数器类型	最高频率
1 相 1 输入计数器（S/W）	200kHz
1 相 1 输入计数器（H/W）	200kHz
1 相 2 输入计数器	200kHz
2 相 2 输入计数器 [1 倍频]	200kHz
2 相 2 输入计数器 [2 倍频]	100kHz
2 相 2 输入计数器 [4 倍频]	50kHz
内部时钟	1MHz（固定）

（3）高速计数器的输入

高速计数器的输入分配见表 4-12。

表 4-12 FX5U/FX5UC CPU 模块高速计数器的输入分配

通道	高速计数器类型	X0	X1	X2	X3	X4	X5	X6	X7	X10	X11	X12	X13	X14	X15	X16	X17
通道 1	1 相 1 输入（S/W）	A															
	1 相 1 输入（H/W）	A	B														
	1 相 2 输入	A	B														
	2 相 2 输入	A	B														
通道 2	1 相 1 输入（S/W）		A														
	1 相 1 输入（H/W）			A	B												
	1 相 2 输入			A	B												
	2 相 2 输入			A	B												
通道 3	1 相 1 输入（S/W）			A													
	1 相 1 输入（H/W）					A	B										
	1 相 2 输入					A	B										
	2 相 2 输入					A	B										

(续)

通道	高速计数器类型	X0	X1	X2	X3	X4	X5	X6	X7	X10	X11	X12	X13	X14	X15	X16	X17
通道4	1相1输入 (S/W)				A												
	1相1输入 (H/W)							A	B								
	1相2输入							A	B								
	2相2输入							A	B								
通道5	1相1输入 (S/W)						A			P	E						
	1相1输入 (H/W)									A	B	P	E				
	1相2输入									A	B	P	E				
	2相2输入									A	B	P	E				
通道6	1相1输入 (S/W)								A			P	E				
	1相1输入 (H/W)											A	B	P	E		
	1相2输入											A	B	P	E		
	2相2输入											A	B	P	E		
通道7	1相1输入 (S/W)										A			P	E		
	1相1输入 (H/W)													A	B	P	E
	1相2输入													A	B	P	E
	2相2输入													A	B	P	E
通道8	1相1输入 (S/W)												A			P	E
	1相1输入 (H/W)															A	B
	1相2输入															A	B
	2相2输入															A	B
通道1~通道8	内部时钟	不使用															

注：A：A 相输入；

B：B 相输入（但是，1 相 1 输入（H/W）时，变为方向切换输入）；

P：外部预置输入；

E：外部使能输入。

理解表 4-12 非常重要，假如要使用光电编码器测量有正反转的转速，通常采用 A/B 相模式测量，所有具有 2 相 2 输入的通道均可以使用，如选择通道 1，那么编码器的 A 相和 X0 连接，B 相与 X1 连接即可，如图 4-23 所示（注意，FX5U 的 0V 和电源的 0V 要短接）。如只有单向计数，则只要将高速输入信号连接到 X0 即可。

（4）高速计数器的参数设置

高速计数器的参数设置要通过 GX Works3 进行，即通过"导航窗口"→"参数"→"FX5UCPU"→"模块参数"→"高速 I/O"→"输入功能"→"高速计数器"→"详细设置"→"基本设置"进行设置，如图 4-24 所示，这是对高速计数器的普通模式进行说明，作为一般的高速计数器使用时使用普通模式。

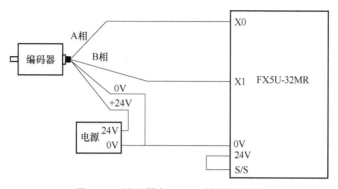

图 4-23　编码器与 FX5U 的连接实例

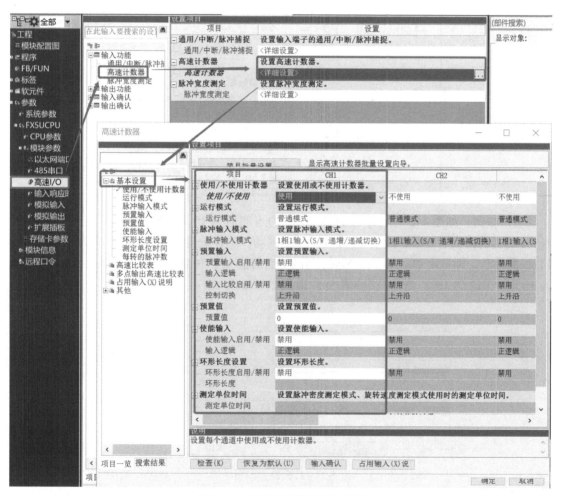

图 4-24　高速计数器的参数设置

4.4　比较指令

比较指令用于两个相同数据类型的有符号数或无符号数 IN1 和 IN2 的比较判断操作。比较运算符号有 =（等于）、>=（大于等于）、<=（小于等于）、>（大于）、<（小于）和<>

(不等于)。比较指令的数据类型有 16 位和 32 位。鉴于比较指令大部分存在相似的功能，故将它们合在一起阐明，见表 4-13。

表 4-13　比较指令

语　句　表	梯　形　图	说　　明	操　作　对　象
16 位比较： LD =IN1, IN2	⊢[= IN1 IN2]⊣	用于比较 16 位 IN1 和 IN2 的大小，如果 IN1 等于 IN2，该触点闭合 比较式还可以是：IN1 > = IN2，IN1 < = IN2，IN1 > IN2，IN1<IN2，IN1<>IN2	T、C、D、R、V、Z、K、H 等
32 位比较： LDD =IN1, IN2	⊢[D= IN1 IN2]⊣	与字比较类似	T、C、D、R、V、Z、K、H 等
比较指令：CMP（EN，S1，S2，D）	⊢[CMP S1 S2 D]	将源数据 [S1]、[S2] 进行比较，比较结果送到操作数 [D] 中。当 [S1] > [S2] 时，[D] 标志位为 ON；当 [S1] = [S2] 时，[D+1] 标志位为 ON；当 [S1] < [S2] 时，[D+2] 标志位为 ON	

应用举例：如图 4-25 所示，当计数器 C2 的当前值为 10 时，Y0 线圈得电，即被驱动；当 C4 的当前值大于 8 时，Y1 线圈得电，即被驱动；当计数器 C200 的当前值为 678493 时，Y2 线圈得电，即被驱动。X0 为 ON 时，当 D1 当前值大于 10 时，M10 为 ON；当 D1 当前值为 10 时，M11 为 ON；当 D1 当前值小于 10 时，M12 为 ON。

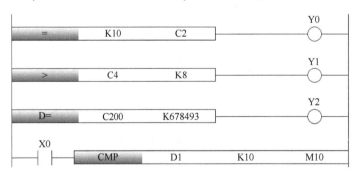

图 4-25　比较指令应用举例

4.5　传送指令

传送指令是指将软元件的内容传送到其他软元件中的指令。

1. 16 位的传送指令

当使能端接通时，将传送源 S 的内容传送到目标 D 中，如图 4-26 所示。

应用举例：如图 4-27 所示，当 X0 触点接通时，将 8 传送到 D0 中，此时 D0 中的数值为 8，直至遇到下次数据更改。

图 4-26　16 位传送指令　　　　　　　　　图 4-27　16 位传送指令应用举例

该指令还可以指定传送软元件的位，最多传送 16 个位软元件（4 的倍数）。如图 4-28 所示，当 X1 触点接通时，将从 X0 开始的 4 位（K1×4＝4）软元件（即 X0、X1、X2、X3）中的数值传送到从 Y0 开始的 4 位软元件（即 Y0、Y1、Y2、Y3）中。

2. 32 位的传送指令

当使能端接通时，将传送源 [S+1，S] 的内容传送到目标 [D+1，D] 中，如图 4-29 所示。

图 4-28　16 位传送指令中指定位数传送　　　　　　图 4-29　32 位传送指令

69

应用举例：如图 4-30 所示，当 X0 触点接通时，将 D2 和 D3 组成的 32 位存储空间中的数值传送到 D8 和 D9 组成的 32 位存储空间中。如果 D2 和 D3 组成的 32 位存储空间中的数值是 500000，此时 D8 和 D9 组成的 32 位存储空间中的数值为 500000，直至遇到下次数据更改。

图 4-30　32 位传送指令应用举例

该指令还可以指定传送软元件的位，最多传送 32 个位软元件（4 的倍数）。如图 4-31 所示，当 X40 触点接通时，将从 X0 开始的 32 位（K8×4＝32）软元件（即 X0，X1，X2，…，X37）中的数值传送到从 Y0 开始的 32 位软元件（即 Y0，Y1，Y2，…，Y37）中。

图 4-31　32 位传送指令中指定位数传送

4.6　移位指令

移位指令是指可以使位数据和字数据按指定方向旋转并移位的指令。

1. 右移指令

SFR 为连续执行型 16 位右移指令（即当该指令的使能端接通后，每个扫描周期执行一次右移指令），SFRP 为脉冲执行型 16 位右移指令（即当该指令的使能端检测到上升沿脉冲时，执行一次右移指令）。同样，DSFR 为连续执行型 32 位右移指令，DSFRP 为脉冲执行型 32 位右移指令。脉冲执行型 16 位右移指令如图 4-32 所示，D 为保存右移数据的字软

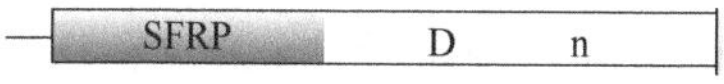

图 4-32　脉冲执行型 16 位右移指令

元件编号，n 为移位指令执行一次移动的位数，从高位开始的被移出的 n 位用 0 补充。

应用举例：如图 4-33 所示，当右移指令检测到 X3 上升沿时，将执行前的 D0 中的原数据（0010011100001111）向右移动 8 位，被移出的高位用 0 补充，则 D0 中数据变为执行后的数据（0000000000100111），依次类推。

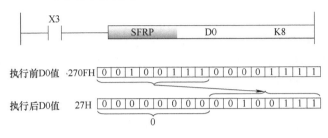

图 4-33　脉冲执行型 16 位右移位指令应用举例

2. 左移指令

SFL 为连续执行型 16 位左移指令（即当该指令的使能端接通后，每个扫描周期执行一次左移指令），SFLP 为脉冲执行型 16 位左移指令（即当该指令的使能端检测到上升沿脉冲时，执行一次左移指令）。同样，DSFL 为连续执行型 32 位左移指令，DSFLP 为脉冲执行型 32 位左移指令。脉冲执行型 16 位左移指令如图 4-34 所示，D 为保存左移数据的字软元件编号，n 为移位指令执行一次移动的位数，从低位开始的被移出的 n 位用 0 补充。

```
—| SFLP |    D    n  |
```

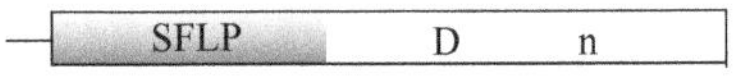

图 4-34　脉冲执行型 16 位左移指令

应用举例：如图 4-35 所示，当左移指令检测到 X1 上升沿时，将执行前的 D0 中的原数据（0010011100001111）向左移动 8 位，被移出的低位用 0 补充，则 D0 中数据变为执行后的数据（0000111100000000），依次类推。

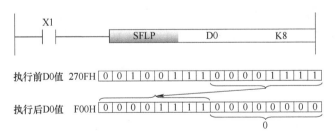

图 4-35　脉冲执行型 16 位左移位指令应用举例

3. 循环右移指令

ROR 为连续执行型 16 位循环右移指令（即当该指令的使能端接通后，每个扫描周期执行一次循环右移指令），RORP 为脉冲执行型 16 位循环右移指令（即当该指令的使能端检测到上升沿脉冲时，执行一次循环右移指令）。同样，DROR 为连续执行型 32 位循环右移指令，DRORP 为脉冲执行型 32 位循环右移指令。脉冲执行型 16 位循环右移指令如图 4-36 所示，D 为保存循环右移数据的字软元件编号，n 为旋转移动的位数。

```
| RORP |    D    n  |
```

图 4-36　脉冲执行型 16 位循环右移指令

应用举例：如图 4-37 所示，当循环右移指令检测到 X1

上升沿时, 将执行前的 D0 中的原数据 (0010011100001111) 向右循环移动 3 位, 则 D0 中数据变为执行后的数据 (1110010011100001); 当循环右移指令再次检测到 X1 上升沿时, 将执行前的 D0 中的原数据 (1110010011100001) 向右循环移动 3 位, 则 D0 中数据变为执行后的数据 (0011110010011100), 依次类推。

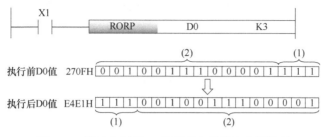

图 4-37　脉冲执行型 16 位循环右移指令应用举例

4. 循环左移指令

ROL 为连续执行型 16 位循环左移指令 (即当该指令的使能端接通后, 每个扫描周期执行一次循环左移指令), ROLP 为脉冲执行型 16 位循环左移指令 (即当该指令的使能端检测到上升沿脉冲时, 执行一次循环左移指令)。同样, DROL 为连续执行型 32 位循环左移指令, DROLP 为脉冲执行型 32 位循环左移指令。脉冲执行型 16 位循环左移指令如图 4-38 所示, D 为保存循环左移数据的软元件编号, n 为旋转移动的位数。

图 4-38　脉冲执行型 16 位循环左移指令

应用举例: 如图 4-39 所示, 当循环左移指令检测到 X0 上升沿时, 将执行前的 D1 中的原数据 (0010011100001111) 向左循环移动 3 位, 则 D1 中数据变为执行后的数据 (0011100001111001); 当循环左移指令再次检测到 X0 上升沿时, 将执行前的 D1 中的原数据 (0011100001111001) 向左循环移动 3 位, 则 D1 中数据变为执行后的数据 (1100001111001001), 依次类推。

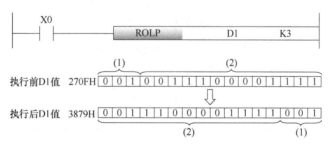

图 4-39　脉冲执行型 16 位循环左移指令应用举例

4.7　数学运算及功能指令

初期 PLC 的主要功能是前面几节介绍的位逻辑操作, 随着计算机技术的发展, PLC 的功能也越来越强大, 其中一个主要的原因是具备了运算指令, 从而拓展了其应用领域。运算指令包括算术运算和逻辑运算两大类指令。

算术运算指令：加法、减法、乘法、除法、数学函数。

逻辑运算指令：逻辑与、或、非、异或、数据比较。

4.7.1 算术运算指令

算术运算指令见表4-14，运算标志位的动作及数值的正负关系见表4-15。

表 4-14 算术运算指令

语 句 表	梯 形 图	说 明	操 作 对 象
加法指令： ADD S1 S2 D	─┤ + S1 S2 D ├─	16 位：ADD 为连续执行型，ADDP 为脉冲执行型。将 S1 和 S2 的内容进行加法运算后，传送到 D 中 32 位：DADD、DADDP，功能和动作说明同上 标志位的动作及数值见表 4-15	KnY、KnM、KnS、T、C、D、R、V、Z 等
减法指令： SUB S1 S2 D	─┤ - S1 S2 D ├─	16 位：SUB 为连续执行型，SUBP 为脉冲执行型。将 S1 和 S2 的内容进行减法运算后，传送到 D 中 32 位：DSUB、DSUBP，功能和动作说明同上 标志位的动作及数值见表 4-15	KnY、KnM、KnS、T、C、D、R、V、Z 等
乘法指令： MUL S1 S2 D	─┤ * S1 S2 D ├─	16 位：MUL 为连续执行型，MULP 为脉冲执行型。将 S1 和 S2 的内容进行乘法运算后，传送到 [D+1，D] 的 32 位双字中 32 位：DMUL、DMULP，将 [S1 + 1，S1] 和 [S2+1，S2] 的内容进行乘法运算后，传送到 [D+3，D+2，D+1，D] 的 64 位中 标志位的动作及数值见表 4-15	KnY、KnM、KnS、T、C、D、R、V 等
除法指令： DIV S1 S2 D	─┤ / S1 S2 D ├─	16 位：DIV 为连续执行型，DIVP 为脉冲执行型。S1 的内容作为被除数，S2 的内容作为除数，商传送到 D 中，余数传到 [D+1] 中 32 位：DDIV、DDIVP，[S1+1，S1] 的内容作为被除数，[S2+1，S2] 的内容作为除数，商传送到 [D+1，D] 中，余数传到 [D+3，D+2] 中 标志位的动作及数值见表 4-15	KnY、KnM、KnS、T、C、D、R、V 等

表 4-15 运算标志位的动作及数值的正负关系

软 元 件	名 称	内 容
SM8020	零位	ON：运算结果为 0 时 OFF：运算结果为 0 以外时
SM8021	借位	ON：运算结果小于−32768（16 位运算）或−2147483648（32 位运算）时，借位标志位动作 OFF：运算结果不小于−32768（16 位运算）或−2147483648（32 位运算）时

（续）

软 元 件	名　称	内　容
SM8022	进位	ON：运算结果大于 32767（16 位运算）或 2147483647（32 位运算）时，进位标志位动作
		OFF：运算结果不大于 32767（16 位运算）或 2147483647（32 位运算）时

应用举例：

1）加法运算指令应用举例如图 4-40 所示，当 X0 触点接通时，将 2 个 16 位的 D0 和 D2 中的数值相加，再将相加的结果传送到 D4 中。

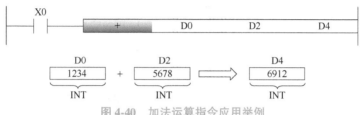

图 4-40　加法运算指令应用举例

2）减法运算指令应用举例如图 4-41 所示，当 X1 触点接通时，将 D6 中的数值减去 D8 中的数值，再将相减的结果传送到 D10 中。

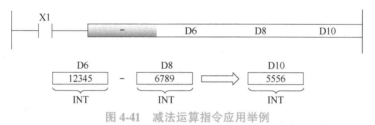

图 4-41　减法运算指令应用举例

3）乘法运算指令应用举例如图 4-42 所示，当 X1 触点接通时，将 D12 和 D14 中的数值相乘，再将相乘的结果传送到 D16 中。

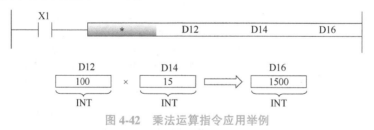

图 4-42　乘法运算指令应用举例

4）除法运算指令应用举例如图 4-43 所示，当 X1 触点接通时，将 D20 中的数值作为被除数，将 D22 中的数值作为除数，再将相除的结果的商传送到 D24 中。

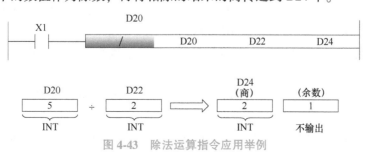

图 4-43　除法运算指令应用举例

73

4.7.2 逻辑运算指令

逻辑与、逻辑或、逻辑异或、补码等逻辑操作均属于逻辑运算指令，见表4-16。

表 4-16 逻辑运算指令

语 句 表	梯 形 图	说 明	操作对象
逻辑与指令： WAND S1 S2 D	WAND S1 S2 D	16 位：WAND 为连续执行型，WANDP 为脉冲执行型。将 S1 和 S2 的内容以位为单位进行逻辑与运算，再将运算结果传送到 D 中 32 位：DAND、DANDP、将 [S1+1，S1] 和 [S2+1，S2] 的内容以位为单位进行逻辑与运算，再将运算结果传送到 [D+1，D] 中	
逻辑或指令： WOR S1 S2 D	WOR S1 S2 D	16 位：WOR 为连续执行型，WORP 为脉冲执行型。将 S1 和 S2 的内容以位为单位进行逻辑或运算，再将运算结果传送到 D 中 32 位：DOR、DORP，将 [S1+1，S1] 和 [S2+1，S2] 的内容以位为单位进行逻辑或运算，再将运算结果传送到 [D+1，D] 中	KnY、KnM、KnS、T、C、D、R、V、Z 等
逻辑异或指令： WXOR S1 S2 D	WXOR S1 S2 D	16 位：WXOR 为连续执行型，WXORP 为脉冲执行型。将 S1 和 S2 的内容以位为单位进行逻辑异或运算，再将运算结果传送到 D 中 32 位：DXOR、DXORP，将 [S1+1，S1] 和 [S2+1，S2] 的内容以位为单位进行逻辑异或运算，再将运算结果传送到 [D+1，D] 中	
补码： NEG D	NEG D	16 位：NEG 为连续执行型，NEGP 为脉冲执行型。将 D 中内容的各位取反，再将取反后的内容加 1 的结果传送到 D 中 32 位：DNEG、DNEGP，将 [D+1，D] 中内容的各位取反，再将取反后的内容加 1 的结果传送到 [D+1，D] 中	

注：使用连续执行型指令时，每个扫描周期都执行一次。

逻辑运算指令应用举例如图4-44所示。当 X0 触点接通时，将 D2 和 D4 的内容以各位为单位进行逻辑与运算，再将运算结果传送到 D6 中。

当 X1 触点接通时，将 D8 和 D10 的内容以位为单位进行逻辑或运算，再将运算结果传送到 D12 中。

当 X2 触点接通时，将 D14 和 D16 的内容以位为单位进行逻辑异或运算，再将运算结果传送到 D18 中。

当 X3 触点接通时，将 D20 中内容的各位取反，再将取反后的内容加 1 的结果传送到

D20 中。注意，该指令是连续执行型指令，即当 X3 触点接通时每个扫描周期都执行一次补码。

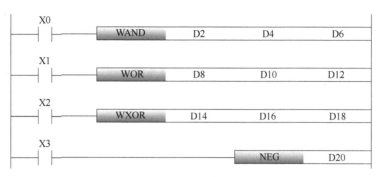

图 4-44 逻辑运算指令应用举例

4.7.3 数学功能指令

除了算术运算指令，指令系统还包含平方根指令、对数指令、指数函数指令、三角函数指令和加、减 1 指令。

1. 平方根指令

平方根指令见表 4-17。

表 4-17 平方根指令

语 句 表	梯 形 图	说 明	操作对象
DESQR S D	─[DESQR S D]	DESQR 为连续执行型，DESQRP 为脉冲执行型。将 [S+1, S] 中的数值开平方运算后（二进制浮点数运算），再将其运算结果传送到 [D+1, D] 中	S: D、R、K、H、E D: D、R

平方根指令应用举例如图 4-45 所示，当 X0 触点接通时，将 [D1, D0] 中的数值开平方运算后，再将其运算结果传送到 [D5, D4] 中。

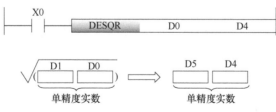

图 4-45 平方根指令应用举例

2. 对数指令

自然对数指令见表 4-18。

自然对数指令应用举例如图 4-46 所示，当 X1 触点接通时，将 [D9, D8] 中的数值进行自然对数运算，并将其运算结果传送到 [D13, D12] 中。

表 4-18　自然对数指令

语 句 表	梯 形 图	说 明	操作对象
DLOGE S D	─[DLOGE　　S　D]	DLOGE 为连续执行型, DLO-GEP 为脉冲执行型。将 [S+1, S] 中的数值进行自然对数运算 (以 e = 2.17828 为底时的对数), 并将其运算结果传送到 [D+1, D] 中	S: D、R、E D: D、R

图 4-46　自然对数指令应用举例

3. 指数函数指令

指数函数指令见表 4-19。

表 4-19　指数函数指令

语 句 表	梯 形 图	说 明	操 作 对 象
DEXP S D	─[DEXP　　S　D]	DEXP 为连续执行型, DEXPP 为脉冲执行型。将 [S+1, S] 中的数值进行指数运算, 并将其运算结果传送到 [D+1, D] 中	S: T、ST、C、D、W、SD、SW、R D: T、ST、C、D、W、SD、SW、R

指数函数指令应用举例如图 4-47 所示, 当 X2 触点接通时, 将 [D17, D16] 中的数值进行指数运算, 并将其运算结果传送到 [D21, D20] 中。

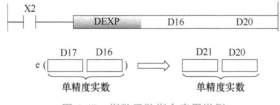

图 4-47　指数函数指令应用举例

4. 三角函数指令

三角函数指令见表 4-20。

表 4-20　三角函数指令

语 句 表	梯 形 图	说 明	操作对象
正弦指令: DSIN S D	─[DSIN　　S　D]	以 [S+1, S] 中的数值为角度, 进行三角函数运算, 并将其运算结果传送到 [D+1, D] 中	S: D、R、E D: D、R
余弦指令: DCOS S D	─[DCOS　　S　D]		
正切指令: DTAN S D	─[DTAN　　S　D]		

(续)

语 句 表	梯 形 图	说 明	操作对象
反正弦指令：DASIN　S　D	─ DASIN　　S　D	以 [S+1, S] 中的数值为角度，进行三角函数运算，并将其运算结果传送到 [D+1, D] 中	S: D、R、E D: D、R
反余弦指令：DACOS　S　D	─ DACOS　　S　D		
反正切指令：DATAN　S　D	─ DATAN　　S　D		
角度→弧度的转换：DRAD S　D	─ DRAD　　S　D	将 [S+1, S] 中的数值从角度单位转换成弧度单位，并保存到 [D+1, D] 中	
弧度→角度的转换：DDEG S　D	─ DDEG　　S　D	将 [S+1, S] 中的数值从弧度单位转换成角度单位，并保存到 [D+1, D] 中	

正弦指令应用举例如图 4-48 所示，当 X2 触点接通时，将 [D25, D24] 中的数值进行正弦运算，并将其运算结果传送到 [D29, D28] 中。

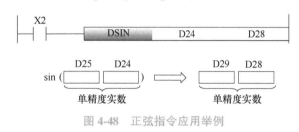

图 4-48　正弦指令应用举例

5. 加 1、减 1 指令

加 1、减 1 指令见表 4-21。

表 4-21　加 1、减 1 指令

语 句 表	梯 形 图	说 明	操作对象
加 1 指令： INC　D	─ INC　　D	16 位：INC、DEC 为连续执行型，INCP、DECP 为脉冲执行型。将 D 的内容加/减 1 运算后，再将运算结果传送到 D 中	D: KnY、KnM、KnS、T、C、D、R、V、Z 等
减 1 指令： DEC　D	─ DEC　　D	32 位：DINC、DINCP、DDEC、DDECP，将 [D+1, D] 的内容加/减 1 运算后，再将运算结果传送到 [D+1, D] 中	

加 1 指令应用举例如图 4-49 所示。X2 触点接通后，INCP 指令接收到 X2 上升沿时，将 D0 中的数值加 1，并将其运算结果传送到 D0 中，如果再次接收到 X2 触点的上升沿，再将 D0 中的数值加 1，并将其运算结果传送到 D0 中，依次类推。

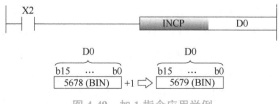

图 4-49　加 1 指令应用举例

77

4.8 主控制指令

主控制指令是指通过梯形图公共母线的开、闭来创建高效的梯形图切换程序的指令。主控制指令包括 MC 指令和 MCR 指令。MC 指令为开始主控制指令，表示主控程序从这里开始；MCR 指令为结束主控制指令，表示主控程序到这里结束。主控制指令说明见表 4-22。

表 4-22　主控制指令说明

指令符号	指令名称	功　　能	梯形图符号
MC	开始主控制	主控制开始	MC (N) (d) ┤├ ▢ (N) (d)　　主站控制电路
MCR	结束主控制	主控制解除	MCR ▢ (N)

图 4-50 所示为使用主控制指令的例子。当 X0 为 ON 时，N1 编号的 M0 的线圈将变为 ON，程序进入主控程序 N1，执行从 N1 开始到 MCR N1 结束的程序；当 X0 为 OFF 时，程序跳过主控程序 N1，并执行 MCR N1 后面的程序。

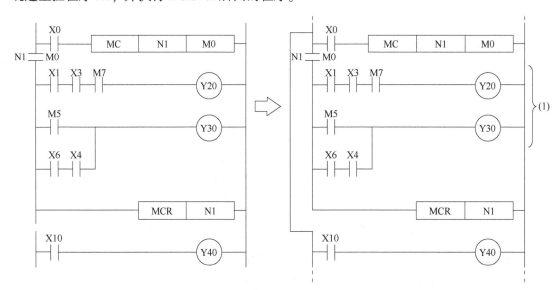

图 4-50　主控制指令应用举例

在使用主控制指令 MC、MCR 时，应注意：

1）每个主控程序都需成对使用，即以 MC 指令开始，MCR 指令结束。

2）对于 MC 指令，通过改变（d）的软元件，可以多次使用同一嵌套（N）编号。

3）MC 指令为 ON 时，（d）中指定的软元件的线圈将变为 ON。

4）如果在 OUT 指令中使用同一个软元件，将造成双重输出。因此，（d）中指定的软元件请勿在其他指令中使用。

5）主控制指令可通过嵌套结构使用，各个主控制区间通过嵌套（N）进行区分。嵌套最多可以有 15 个（N0～N14）。

4.9 数据寄存器、链接寄存器、报警器

数据寄存器（D）是存储数值数据的软元件。特殊寄存器（SD）是 PLC 内部确定规格的内部寄存器，因此不能像通常的内部寄存器那样用于程序中，但是可根据需要写入数据以控制 CPU 模块。

链接寄存器（W）是在刷新网络模块与 CPU 模块之间的字数据时，用作 CPU 模块侧设备的软元件。在 CPU 模块内的链接寄存器（W）与网络模块的链接寄存器（LW）相互收发数据，通过网络模块的参数设置刷新范围，未用于刷新的位置可用于其他用途。网络的通信状态及异常检测状态的字数据信息将被输出到网络模块内的特殊链接寄存器（SW）中。

报警器（F）是在由用户创建的用于检测设备异常/故障的程序中使用的内部继电器。如图 4-51 所示，将报警器置为 ON 时，SM62（报警器检测）将为 ON，SD62～SD79（报警器检测编号表）中将存储变为 ON 的报警器的个数及编号。

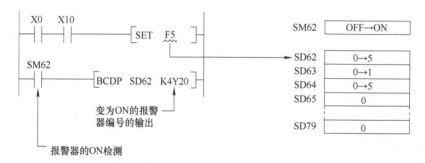

图 4-51 报警器工作原理

4.10 常数

PLC 使用的各种数值中，K 表示十进制数，H 表示十六进制数，E 表示实数（浮点数）。这些都可用作定时器和计数器的设定值及当前值，或是应用指令的操作数。

4.11 编程软件

三菱 PLC 编程软件主要包括 GX Developer、GX Works2 和 GX Works3。其中，GX Developer 是传统的 PLC 编程软件，适用于三菱 Q、FX 系列 PLC 的程序编写；GX Works2 是综合 PLC 编程软件，同样适用于三菱 Q、FX 系列 PLC，与 GX Developer 软件相比，其功能和可操作性更强。但以上两款软件都不支持三菱最新推出的 FX5U PLC。GX Works3 是三菱推出的新一代 PLC 编程软件，兼容 GX Developer 和 GX Works2 软件，并且支持 FX5U PLC。

4.11.1　GX Works3 简介

GX Works3 软件的功能非常强大，涵盖了项目管理、程序编辑、参数设定、网络设定、文件传送、仿真模拟、程序监控、在线调试及智能功能模块设置等功能。该软件支持梯形图、结构文本及结构化梯形图等编程语言；可与 PLC 进行通信，将编写的程序在线写入 PLC 中并进行调试；具有系统标签功能，可实现 PLC 与 HMI、运动控制器的数据共享；支持多种语言，满足全球化生产需求。此外，用户可建立 FB（功能块）库，可在部件选择窗口拖动 FB 到工作窗口中直接进行粘贴，提高了程序开发效率，还可以减少程序错误，从而提高程序质量。

4.11.2　GX Works3 软件界面

双击 GX Works3 软件的图标，即可启动 GX Works3 软件。软件界面包含标题栏、菜单栏、工具栏、状态栏、导航窗口、工作窗口、部件选择窗口等，在调试模式下，还可打开数据监视窗口，如图 4-52 所示。

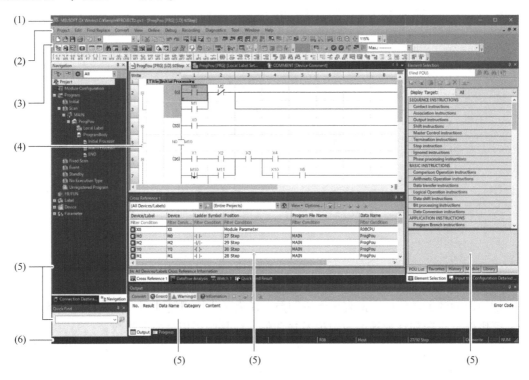

(1) 标题栏，显示工程名等信息；　(2) 菜单栏，显示执行各功能的菜单；　(3) 工具栏，显示执行各功能的工具按钮；(4) 工作窗口，进行编程、参数设置与监视等操作的主要画面；　(5) 折叠窗口，用于协助在工作窗口中正在进行操作的画面；　(6) 状态栏，显示与编辑中的工程有关的信息

图 4-52　GX Works3 软件界面

4.11.3　GX Works3 的使用

1. 建立新工程

单击菜单栏上的"工程"选项，在其下拉菜单中选择"新建"命令，或者单击工具栏

上的 □ 图标，或者按快捷键<Ctrl+N>，弹出新建工程提示画面，如图 4-53 所示。

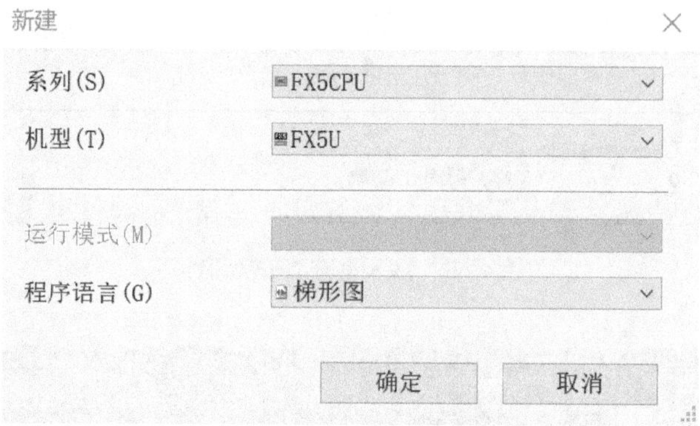

图 4-53　创建新工程画面

对图 4-53 中各个选项介绍如下：

1）系列：选择 RCPU、FX5CPU、QCPU、LCPU、FXCPU、NCCPU 系列 PLC。

2）机型：根据 PLC 系列，选择适当的 PLC 机型。

3）程序语言：可选梯形图、ST、FBD 等编程语言。

把上面每个参数都设置后，单击"确定"按钮，即可创建一个新工程。

2. 保存工程

在程序编辑过程中或编辑结束，要把工程保存起来，单击菜单栏中的"工程"选项，再单击其下拉菜单中的"保存"命令，或单击工具栏上的 ▇ 图标，或按快捷键<Ctrl+S>，弹出"另存为"对话框，在"文件名"文本框中输入文件名称，单击"保存"按钮，即可对新建工程进行保存。

4.11.4　编程操作

1. 输入梯形图

下面介绍如何在 GX Works3 软件中输入程序。

1）将光标移到行首，如图 4-54 所示。

```
(0) ┌─────────┐─────────────────────[ END ]─┤
    └─────────┘
```

图 4-54　编辑准备画面

2）单击梯形图符号工具栏上的 ╫ 图标，键入"X0"，或键入"LD X0"，再单击"确定"按钮，如图 4-55 所示。

3）单击梯形图符号工具栏上的 ╫ 图标，键入"X1"，或键入"ANI X1"，再单击"确定"按钮，如图 4-56 所示。

4）单击梯形图符号工具栏上的 ╫ 图标，键入"Y0"，或键入"OUT Y0"，再单击"确定"按钮，如图 4-57 所示。

5）用鼠标选中需要编写的地方，单击梯形图符号工具栏上的 ╫ 图标，键入"Y0"，或键入"OR Y0"，再单击"确定"按钮，如图 4-58 所示。

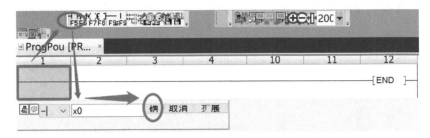

图 4-55　输入常开 X0 软元件

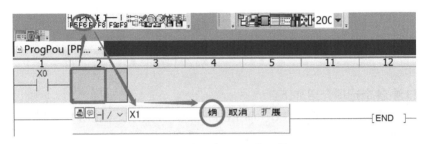

图 4-56　输入常闭 X1 软元件

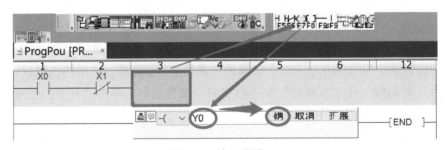

图 4-57　输入线圈 Y0

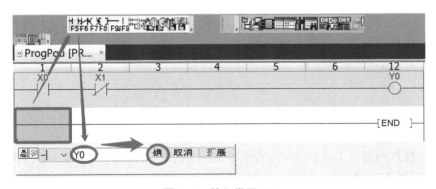

图 4-58　输入常开 Y0

6）鼠标移到 Y0 最右侧，单击鼠标左键出现图标厂后，向上拖动来画垂直连接线，如图 4-59 所示。

采用此方法，梯形图图标的选取和更改都要用鼠标进行操作，用户如果要提高输入效率，则可选择快捷键输入。梯形图工具栏中的各图标都有相对应的快捷键，如常开触点是 F5 键、常闭触点是 F6 键等。如果用户对指令比较熟悉，也可采用指令输入的方法进行操作，如直接输入指令"LD X0"，然后按回车键，就可以输入对应的梯形图，这种输入方法效率更高。

图 4-59　画垂直连接线

2. 程序转换/编译

梯形图程序输入并检查完成后，应对已输入的梯形图程序进行转换/编译操作，否则程序无法被保存和下载。转换/编译操作的作用是将所输入的梯形图程序转换为 PLC 可执行程序。

GX Works3 软件中转换/编译的操作可通过单击菜单栏上的"转换"选项，在其下拉菜单中选择"全部转换"命令，或直接在工具栏中单击相应图标来实现，如图 4-60 所示。

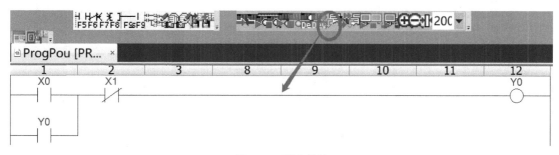

图 4-60　程序转换

3. 注释编辑

对程序中的软元件进行注释，可以提高程序的可读性，便于对程序进行修改和调试操作。

对梯形图程序的软元件进行注释，首先在 GX Works3 的导航窗口中选择"软元件"→"软元件注释"，然后双击需要注释的软元件，在打开的"注释"列表中进行注释即可，如图 4-61 所示。注释可以通过"视图"菜单中的"注释显示"命令来打开或关闭显示。

图 4-61　软元件注释

4. 程序下载

完成梯形图程序的编辑且转换后，将其下载到 PLC 中，PLC 即可执行本程序。

首先保证计算机与 PLC 已经连接，在计算机和 PLC 通过网线连接上以及 PLC 上电的情况下，单击菜单栏中的"在线"→"当前连接目标（N）"命令，在弹出的"连接目标选择"对话框中单击"直接连接 CPU"选项，在弹出的"以太网直接连接设置"对话框中选择计算机适配器和 IP 地址，配置正确后单击"通信测试"按钮进行测试，测试成功后单击"确定"按钮，如图 4-62 所示。

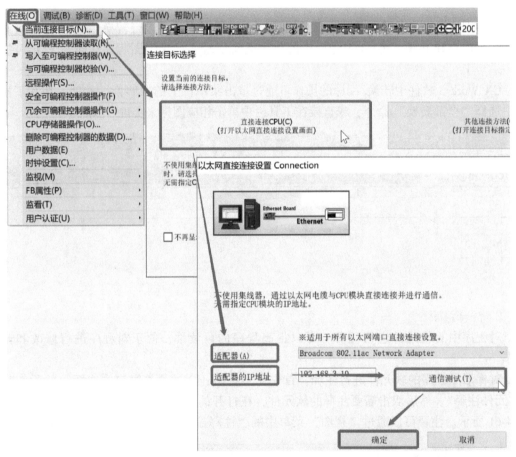

图 4-62　计算机和 PLC 通信连接

单击"在线"菜单中的"写入至可编程控制器"命令或单击工具栏中的"写入至可编程控制器"按钮，弹出如图 4-63 所示的"在线数据操作"对话框，选择需要写入的 PLC 工程，根据需要单击对话框中的"参数+程序"按钮，然后单击对话框右下角的"执行"按钮，开始写入 PLC 程序，此时弹出"PLC 写入程序"对话框。等待一定时间，写入结束后，弹出显示"已完成"的对话框，单击该对话框中的"确定"按钮，PLC 程序写入完成。完成上述操作后，即可运用 PLC 进行硬件调试。

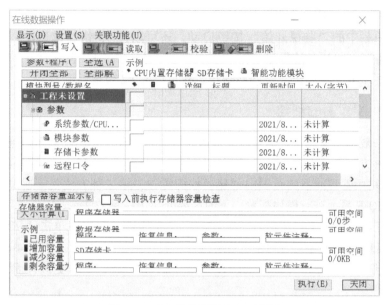

图 4-63 "在线数据操作"对话框

4.11.5 仿真模拟

GX Works3 具有仿真模拟的功能。用户在进行程序调试时,可使用该软件的仿真模拟功能,无须在 PLC 上进行软件调试。

启动仿真模拟时,用户可通过选择菜单栏"调试"→"模拟"→"模拟开始"命令启动,也可以单击工具栏中的 按钮启动,将弹出"程序写入"对话框,执行程序写入后,即可开始进行仿真模拟。

在仿真模拟状态下可测试编程是否符合控制需求,同时可打开数据监视窗口,查看各软元件的工作状态。退出仿真模拟时,可通过选择菜单栏"调试"→"模拟"→"模拟停止"命令退出,也可以单击工具栏中的 按钮退出。

4.11.6 监视模式

GX Works3 具有监视功能,在监视模式下,通过计算机可以对梯形图程序中各个软元件的工作情况、实时状态进行监控。在数据监视窗口中输入需要监控的软元件,即可查看该软元件的实时状态,如图 4-64 所示。

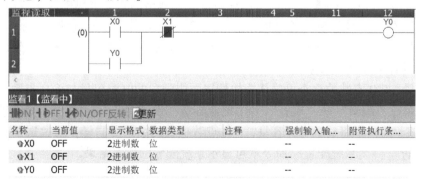

图 4-64 数据监视窗口

启动监视模式时，可通过选择菜单栏"在线"→"监视"→"监视模式"命令启动，也可以单击工具栏中的"监视开始"按钮启动，还可以按 F3 快捷键启动；退出监视模式时，也有多种路径，可通过选择菜单栏"在线"→"监视"→"监视停止"命令退出，也可以单击工具栏中的"监视停止"按钮退出，还可以按 F2 快捷键退出。

4.11.7 模块配置图的创建

PLC 系统一般都需要根据控制要求扩展外围模块，对于 FX5U PLC 可以通过两种方法配置模块：第一种方法是，在 GX Works3 的导航窗口中单击"工程"→"模块配置图"，可在工程的 CPU 模块所管理的系统范围内创建模块配置图；第二种方法是，通过三菱官方网站的在线选型对 IQ-F 系列进行模块配置。下面简要介绍第一种方法。

首先新建工程，选择 FX5U CPU，在 GX Works3 的导航窗口中单击"工程"→"模块配置图"，在模块配置图中显示了默认的 CPU（FX5U-32MR/ES），如图 4-65 所示。选择CPU 模块，单击鼠标右键，在弹出的快捷菜单中选择"CPU 型号更改"命令，就可更改CPU 型号。

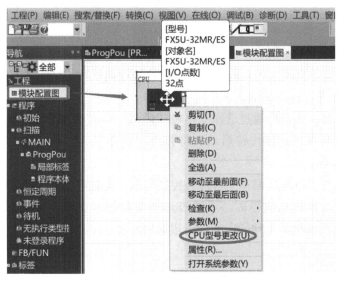

图 4-65 模块配置图

在部件选择窗口中选择相应模块，并将其拖放至模块配置图中。拖放过程中，可配置的位置将高亮显示。选择相应模块，单击鼠标右键，在弹出的快捷菜单中选择"属性"命令，就可更改模块对象的对象名。通过更改，可简单区分相同型号的模块。选择工具栏中的"模块信息显示"按钮，可显示所有模块的型号；选择工具栏中的"XY 分配显示"按钮，可显示所有模块的 XY 地址。

电源容量、I/O 点数的检查可确认模块配置图中配置的电源容量与 I/O 点数是否超过上限。选择菜单栏"编辑"→"检查"→"电源容量/I/O 点数"→"执行"命令或单击工具栏中的按钮，窗口中将显示电源容量、I/O 点数检查的结果。同样，通过选择菜单栏"编辑"→"检查"→"系统配置"命令就可显示系统配置的检查结果。

习题与思考题

4-1 画出下面语句表对应的梯形图程序

（1）

```
LD     X0
OR     Y0
AND    X1
ANI    X2
OUT    Y0
END
```

（2）

```
LD     X0
ORI    X5
LD     X1
OR     X4
ANB
ANI    X2
OUT    Y0
LD     X6
ANI    X5
OUT    T1    K50
END
```

4-2 编写一个循环计数程序，计数范围为 1~500。

4-3 用语句表编写一段程序，计算 cos50°。

4-4 编写一段程序，完成将 8 赋值给 VW6，再将 VW6 "取反" 后送入 VW10 中。

4-5 编写一段程序，实现 PLC 的输出 Y0~Y7 循环依次点亮。即当按下启动按钮后，Y0 输出 1s 后，Y0 停止输出，Y1 输出；Y1 输出 1s 后，Y1 停止输出，Y2 输出，依次循环。

第5章

三菱PLC的基础应用

本章导读

PLC 的基础应用是学习 PLC 的核心和目的，通过本章的学习，要掌握 PLC 控制系统的一般设计方法，理解 PLC 的常用编程方法，对 PLC 的编程过程有一个完整清晰的思路。

5.1 PLC 的系统设计与编程方法

5.1.1 PLC 控制系统的一般设计方法

PLC 控制系统的设计，首先要确定控制系统设计的技术条件，技术条件是整个系统设计的基础，需要以任务书的形式规定下来。PLC 控制系统的设计包括 PLC 的选择、I/O 分配、输入/输出设备（传感器与执行机构）的选择、图样设计、程序设计、控制柜设计以及技术文件的准备等工作。本节对设计过程进行简述。

1. 分析被控对象并提出控制要求

深入了解和分析被控对象的工艺条件及工作过程，提出被控对象的控制要求，然后确定控制方案，拟定设计任务书。被控对象是指被控的机电设备或生产过程；控制要求主要指控制的方式、控制的动作、工作循环的组成以及系统保护等。对较复杂的控制系统可以将控制要求分解成多个部分，这样有利于结构化编程和系统调试。

2. 确定 I/O 设备

根据系统的控制要求，确定系统所需的输入设备和输出设备。常用的输入设备有按钮、选择开关、行程开关及各种传感器等；常用的输出设备有继电器、接触器、信号指示灯、电磁阀及其他执行器等。确定了输入设备和输出设备就可以知道 PLC 的 I/O 类型和点数需求。

3. PLC 的选择

PLC 的选择包括对 PLC 的机型、容量、I/O 模块和电源等的选择。机型的选择是最关键的，应优先选择中小型 PLC，并选择主流机型，还要考虑本单位技术人员的技术现状，尽量选择技术人员熟悉的 PLC。主流机型一般支持主流的 PLC 技术，并且符合 IEC 61131 的相关规定，为整个系统的设计奠定良好基础。

PLC 输入/输出的选择要考虑信号的类型和数量。先考虑模拟量要求，再考虑数字量要求。若有模拟量信号，最好选择集成模拟量输入/输出接口的 PLC；若模拟量信号较多，最好选择独立的模拟量输入/输出模块。数字量的点数需要预留 15%~20% 的备用量。

数字量的输入/输出类型需要仔细选择。输入接口一般为直流，选择直流输入模块时要注意输入接口的极性要求（PNP 型或 NPN 型），不同的负载对 PLC 的输出方式有不同的要求。对于频繁通断的感性负载，应选择晶体管或晶闸管输出型，而不能选用继电器输出型。动作不频繁的交、直流负载可以选择继电器输出型。继电器输出型的 PLC 有许多优点，如导通电压较小、有隔离作用、价格相对较便宜、承受瞬时过电压和过电流的能力较强、其负载电压灵活（可交流也可直流）且电压等级范围大等。另外，PLC 输出点的接法也要注意，接法可分为共点式、分组式和隔离式三种。隔离式的各组输出点之间可以采用不同的电压种类和电压等级。

由于工业网络的发展，必须考虑通信接口的类型和数量，没有通信接口的 PLC 是不能正常使用的，现代 PLC 的通信功能已经成为编程和应用的基本功能。

此外，存储容量、I/O 响应时间和 PLC 封装形式也是 PLC 选择需要考虑的因素。

4. 程序设计

根据系统的控制要求，选择适合的程序设计方法来设计 PLC 程序。程序要以满足系统控制要求为目标，实现实际要求的控制功能。控制要求不是特别复杂的情况下，经验法是常用的编程方法；而控制要求相对复杂的场合，顺序控制法是比较常用的编程方法。

5. 硬件实施

硬件实施方面主要是进行控制柜等硬件的设计及现场施工，主要内容有设计控制柜和操作台等部分的电气布置图及安装接线图，设计系统各部分之间的电气连接图。

6. 现场调试

现场调试是整个控制系统完成的重要环节，任何程序的设计都需要经过现场调试。只有通过现场调试才能发现控制回路和控制程序的不足之处，并进行完善和改进，以适应控制系统的要求。全部调试完毕后，交付试运行。

7. 编写技术文档

技术文档包括设计说明书、硬件原理图、安装接线图、电气元件明细表、PLC 程序以及使用说明书等。

5.1.2　常用的编程方法

PLC 的编程方法有很多，下面重点介绍两种编程方法。

1. 经验法

经验法是运用一些既有的成熟经验进行 PLC 程序设计的方法。

使用经验法的基础是要掌握常用的控制程序段，如自锁、互锁等，当需要某些环节的时候，用相应的程序去实现。在本章中，很多程序的编写都是用经验法完成的。例如，在本章的单按钮控制电动机的起停设计中，用一个按钮在两种状态之间切换，类似于数字电路中触发器的计数控制。

另外，在多数的工程设计前，先选择与自己工艺要求相近的程序，把这些程序看成自己的经验，再结合工程实际，对经验程序进行修改，使之适合自己的工程要求。

2. 顺序控制法

顺序控制法是在指令的配合下设计复杂的控制程序的方法。一般比较复杂的程序，都可以分成若干个功能比较简单的程序段，一个程序段可以看成整个控制过程中的一步。从整体角度看，一个复杂的控制过程是由若干个步组成的，系统控制的任务实际上可以认为在不同条件下去完成对各个步的控制。

在编程时，可以用一般的逻辑指令实现顺序控制。三菱 PLC 中提供了专门的步进顺序控制指令，可以利用该指令方便地编写控制程序，下一章将具体介绍顺序控制。

5.2 基础编程案例

本节将介绍单按钮控制电动机的起停等几个编程案例，这几个案例是常见的控制系统采用了经验法进行程序的编写，分析这些编程案例对读者掌握和提高 PLC 应用技能很重要。

在没有实验条件的情况下，可以使用仿真器对程序进行仿真。有了仿真，用户可以模拟工控现场调试控制程序。

5.2.1 单按钮控制电动机的起停

1. 控制对象简介

本案例的控制对象是用一个按钮控制一台电动机的起停。

这个控制程序非常有实用价值，因为 PLC 的输入触点是有限的，往往在一些复杂的控制中，需要很多的输入触点，利用这个程序就可以将一个触点当成两个触点使用。

2. PLC 的输入和输出接口（见表 5-1 和表 5-2）

表 5-1 数字量输入地址定义

符　号	地　址	数据类型	注　释
SB₁	X0	BOOL	点触式按钮

表 5-2 数字量输出地址定义

符　号	地　址	数据类型	注　释
KM₁	Y0	BOOL	控制电动机运行的交流接触器

3. PLC 控制程序开发

按钮控制电动机的主电路如图 5-1a 所示，PLC 的 I/O 接线图如图 5-1b 所示。

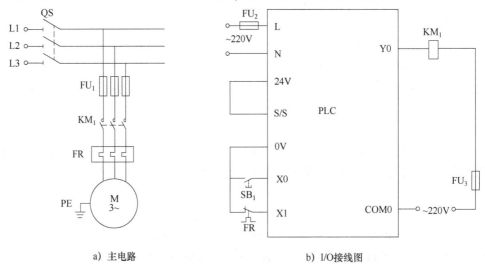

a）主电路　　　　　b）I/O接线图

图 5-1 单按钮控制电动机外部接线

单按钮控制电动机起停的 PLC 控制程序如图 5-2 所示。图 5-2 a 是利用内部继电器 M80 和 M81 作为记忆元件实现的单按钮控制电动机起停的控制参考程序，图 5-2 b 是利用计数器指令实现的单按钮控制电动机起停的控制参考程序。

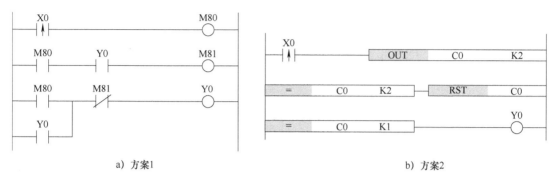

a) 方案1　　　　　　　　　　　　　　　　b) 方案2

图 5-2　单按钮控制电动机参考程序

5.2.2　电动机的正反转

1. 控制对象简介

本案例的控制对象是控制一台电动机的正反转。

2. PLC 的输入和输出接口（见表 5-3 和表 5-4）

表 5-3　数字量输入地址定义

符　号	地　址	数 据 类 型	注　释
SB$_1$	X0	BOOL	正转按钮
SB$_2$	X1	BOOL	反转按钮
SB$_3$	X2	BOOL	停止按钮
FR	X3	BOOL	热继电器

表 5-4　数字量输出地址定义

符　号	地　址	数 据 类 型	注　释
KM$_1$	Y0	BOOL	控制电动机正转的交流接触器
KM$_2$	Y1	BOOL	控制电动机反转的交流接触器

3. PLC 控制程序开发

电动机的主电路如图 5-3a 所示，PLC 的 I/O 接线图如图 5-3b 所示，参考程序如图 5-3c 所示。

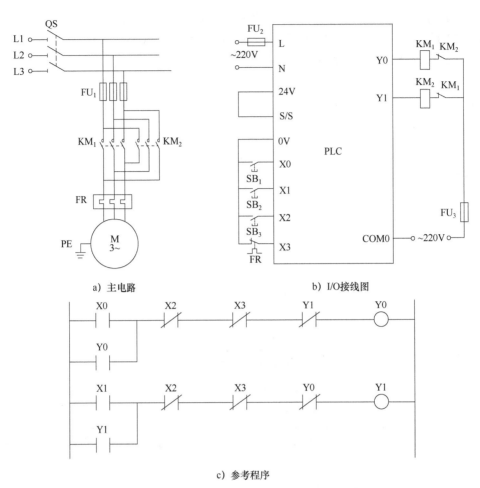

a) 主电路　　　　　　　　b) I/O接线图

c) 参考程序

图 5-3　电动机正反转外部接线及程序

5.2.3　星-三角减压起动

1. 控制对象简介

星-三角减压起动是指电动机起动时，把定子三相绕组接成星形，以降低起动电压，限制起动电流，待电动机起动后，再把定子三相绕组改接成三角形，使电动机全压运行。凡是在正常运行时定子三相绕组作三角形联结的异步电动机，均可采用这种减压起动方法。

当按下 SB$_1$ 起动按钮后，先星形起动 5s，再自动切换到三角形运行，SB$_2$ 为停止按钮。

2. PLC 的输入和输出接口（见表 5-5 和表 5-6）

表 5-5　数字量输入地址定义

符　号	地　址	数据类型	注　释
SB$_1$	X0	BOOL	起动按钮
SB$_2$	X1	BOOL	停止按钮
FR	X2	BOOL	热继电器

表 5-6　数字量输出地址定义

符　号	地　址	数据类型	注　释
KM$_1$	Y0	BOOL	交流接触器
KM$_2$	Y1	BOOL	星形起动交流接触器
KM$_3$	Y2	BOOL	三角形运行交流接触器

3. PLC 控制程序开发

电动机的主电路如图 5-4a 所示，PLC 的 I/O 接线图如图 5-4b 所示，参考程序如图 5-4c 所示。

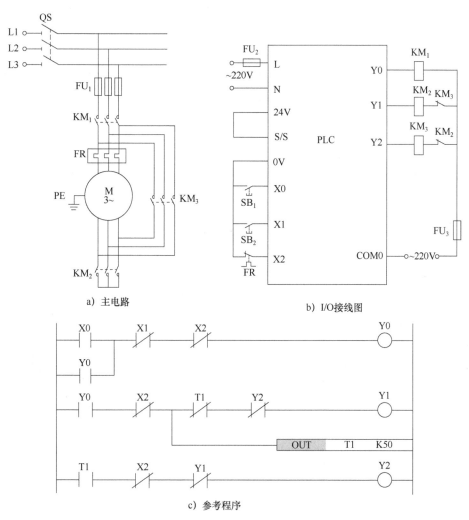

a) 主电路　　　　　　　　b) I/O接线图

c) 参考程序

图 5-4　星–三角减压起动外部接线及程序

5.2.4　串电阻减压起动与反接制动

1. 控制对象简介

控制要求：当按下起动按钮 SB$_1$ 时，KM$_1$ 线圈接通，其主触点闭合，电动机串入限流

电阻 R 开始起动，经过 4s 后，KM_3 线圈接通，将限流电阻短路，让电动机投入稳定运行；当按下停止按钮 SB_2 时，KM_1、KM_3 都失电，KM_2 线圈得电，电动机反接制动，经过 3s 后自动失电。

2. PLC 的输入和输出接口（见表 5-7 和表 5-8）

表 5-7 数字量输入地址定义

符　号	地　址	数据类型	注　释
SB_1	X0	BOOL	起动按钮
SB_2	X1	BOOL	停止按钮
FR	X2	BOOL	热继电器

表 5-8 数字量输出地址定义

符　号	地　址	数据类型	注　释
KM_1	Y0	BOOL	正转交流接触器
KM_2	Y1	BOOL	反转交流接触器
KM_3	Y2	BOOL	切除电阻交流接触器

3. PLC 控制程序开发

电动机的主电路如图 5-5a 所示，PLC 的 I/O 接线图如图 5-5b 所示，参考程序如图 5-5c 所示。

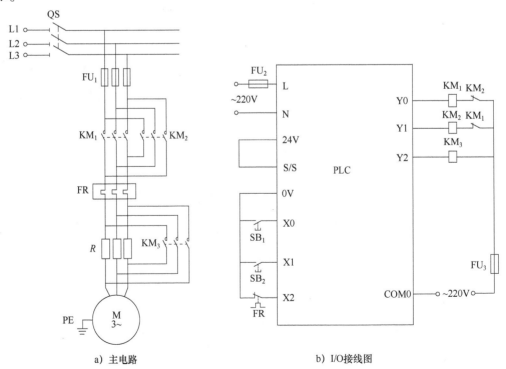

a）主电路　　　　　　　　　　　　b）I/O 接线图

图 5-5 串电阻减压起动与反接制动外部接线及程序

94

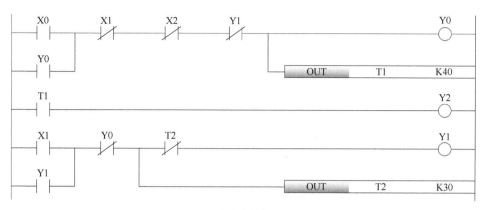

c) 参考程序

图 5-5　串电阻减压起动与反接制动外部接线及程序（续）

5.2.5 运料小车自动往返

1. 控制对象简介

SB_1 为起动按钮，SB_2 为停止按钮，SQ_1 为 A 点行程开关，SQ_2 为 B 点行程开关，如图 5-6 所示。

控制要求：按下起动按钮，预先装满料的小车前进送料，到达 B 点自动卸料，经过 10s 延时，小车自动返回 A 点，经过 5s 延时装料，小车自动送料到 B 点卸料，如此循环。

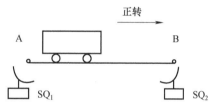

图 5-6　运料小车自动往返简图

2. PLC 的输入和输出接口（见表 5-9 和表 5-10）

表 5-9　数字量输入地址定义

符　号	地　址	数据类型	注　释
SB_1	X0	BOOL	起动按钮
SB_2	X1	BOOL	停止按钮
SQ_1	X2	BOOL	A 点行程开关
SQ_2	X3	BOOL	B 点行程开关
FR	X4	BOOL	热继电器

表 5-10　数字量输出地址定义

符　号	地　址	数据类型	注　释
KM_1	Y0	BOOL	正转交流接触器
KM_2	Y1	BOOL	反转交流接触器

3. PLC 控制程序开发

电动机的主电路如图 5-7a 所示，PLC 的 I/O 接线图如图 5-7b 所示，参考程序如图 5-7c

所示。中间继电器 M12 为该运料小车起停的标志位。

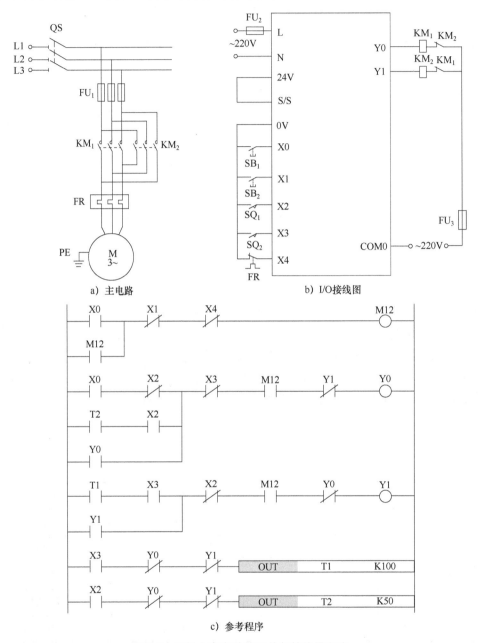

a) 主电路   b) I/O接线图

c) 参考程序

图 5-7   运料小车自动往返外部接线及程序

5.2.6   三台电动机监控

1. 控制对象简介

对三台电动机的运行状态进行监控。如果三台电动机有两台在运行，信号灯持续发亮；如果只有一台电动机工作，信号灯以 0.4 Hz 的频率闪光；如果三台电动机都不工作，信号灯以 2 Hz 的频率闪光；如果选择运行装置不运行，信号灯熄灭。

2. PLC 的输入和输出接口（见表 5-11 和表 5-12）

表 5-11 数字量输入地址定义

符 号	地 址	数据类型	注 释
KM₁	X0	BOOL	电动机 1 接触器辅助常开触点
KM₂	X1	BOOL	电动机 2 接触器辅助常开触点
KM₃	X2	BOOL	电动机 3 接触器辅助常开触点
SCO	X3	BOOL	运转选择开关

表 5-12 数字量输出地址定义

符 号	地 址	数据类型	注 释
HL	Y0	BOOL	信号灯

3. PLC 控制程序开发

PLC 的 I/O 接线图如图 5-8 所示，参考程序如图 5-9 所示。

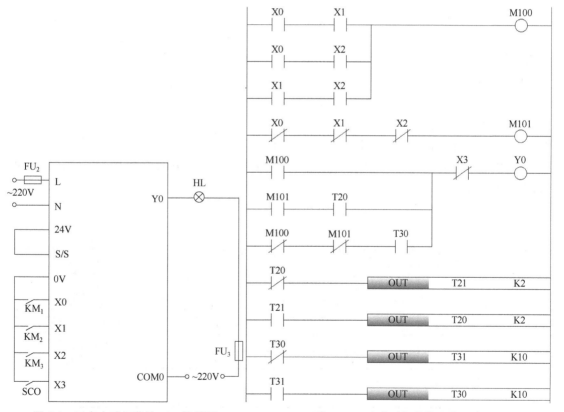

图 5-8 三台电动机监控 I/O 接线图　　　图 5-9 三台电动机监控参考程序

5.2.7 多种液体自动混合

1. 控制对象简介

控制对象如图 5-10 所示。SL₁、SL₂、SL₃ 为液面传感器，液面淹没时接通；ST 为温度传感器，达到规定温度后接通。液体 A、B、C 与混合液体阀由电磁阀 YA_1、YA_2、YA_3、YA_4 控制，M 为搅匀电动机，EH 为加热炉。

1) 初始状态：容器为空状态，液体 A、B、C 阀门 YA_1、YA_2、YA_3 处于关闭状态，混合液体阀门 YA_4 处于关闭状态。

2) 起动操作：按下起动按钮 START，装置开始按下列给定规律运转。

① 液体 A 阀门 YA_1 打开，液体 A 流入容器，当液面到达 SL_3 所在的位置时，SL_3 接通，关闭液体 A 阀门 YA_1，打开液体 B 阀门 YA_2。

② 当液面到达 SL_2 所在的位置时，关闭液体 B 阀门 YA_2，打开液体 C 阀门 YA_3。

③ 当液面到达 SL_1 所在的位置时，关闭阀门 YA_3，搅匀电动机开始搅匀。

④ 搅匀电动机工作 1min 后停止搅动，加热炉 EH 开始加热。

⑤ 当加热到一定温度后，温度传感器 ST 接通，停止加热，混合液体阀门 YA_4 打开，开始放出混合液体。

⑥ 当液面下降到 SL_3 所在的位置时，液面传感器 SL_3 由接通变为断开，再过 30s 后，容器放空，混合液体阀门 YA_4 关闭，开始下一周期。

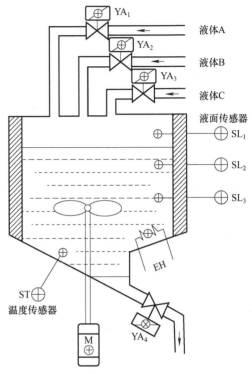

图 5-10　多种液体自动混合

3) 停止操作：按下停止按钮 STOP，要将当前的混合操作处理完毕后，才停止操作（停在初始状态）。

2. PLC 的输入和输出接口（见表 5-13 和表 5-14）

表 5-13　数字量输入地址定义

符 号	地 址	数据类型	注 释
START	X0	BOOL	起动按钮
STOP	X1	BOOL	停止按钮
SL_1	X2	BOOL	液面传感器 1
SL_2	X3	BOOL	液面传感器 2
SL_3	X4	BOOL	液面传感器 3
ST	X5	BOOL	温度传感器

表 5-14　数字量输出地址定义

符 号	地 址	数据类型	注 释
YA_1	Y0	BOOL	液体 A 阀门
YA_2	Y1	BOOL	液体 B 阀门
YA_3	Y2	BOOL	液体 C 阀门
YA_4	Y3	BOOL	混合液体阀门
M	Y4	BOOL	搅匀电动机
EH	Y5	BOOL	加热炉

3. PLC 控制程序开发

PLC 的 I/O 接线图如图 5-11 所示，参考程序如图 5-12 所示。

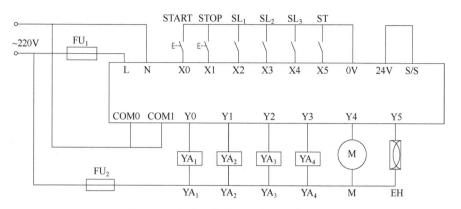

图 5-11　多种液体自动混合 I/O 接线图

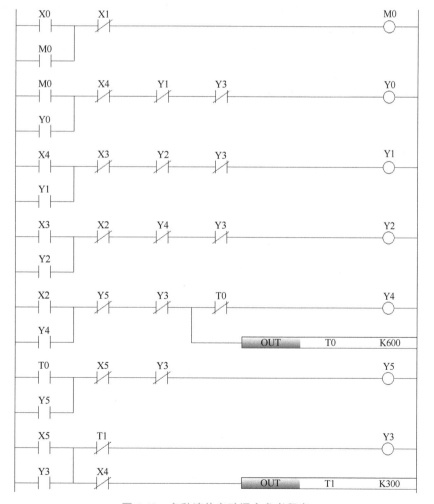

图 5-12　多种液体自动混合参考程序

习题与思考题

5-1 设计一个报警电路。

(1) 当发生异常情况时，报警灯 HL 以 1s 的时间间隔闪烁，报警蜂鸣器 HA 有音响输出。

(2) 值班人员听到报警后，按报警响应按钮 SB_1，报警灯 HL 由闪烁变为常亮，报警蜂鸣器 HA 停止音响。

(3) 按下报警解除按钮 SB_2，报警灯熄灭。

(4) 为测试报警灯和报警蜂鸣器的好坏，可用测试按钮 SB_3 随时测试。

5-2 有 3 台电动机，要求起动时，每隔 5s 依次起动 1 台，每台运行 1min 后自动停机，在运行中可用停止按钮将 3 台电动机同时停机。

5-3 有两台绕线转子电动机，为限制绕线转子电动机的起动电流，在每台电动机的转子回路中串联三段起动电阻。两台电动机分别操作。

(1) 电动机 M_1 采用时间控制原则进行控制（如按下起动按钮后，间隔 5s，依次切除每段转子起动电阻）。

(2) 电动机 M_2 采用人工控制原则进行控制（有 3 个按钮，人为地依次按下 3 个切除按钮，依次切除每段转子起动电阻）。

5-4 设计周期为 2s，占空比为 40% 的方波输出信号程序。

第6章

顺序控制

本章导读

工业生产中存在着大量的流水线，这些流水线根据不同的生产工艺和功能形成了不同的工序。在工业控制领域，原材料经过各道工序最后形成合格的产品。我们可以将整个控制任务在时间上划分成能够实现不同功能的阶段，相当于工序，通过转换条件，各阶段相互衔接，按顺序依次执行，这就是目前被工业控制领域广泛采用的一种先进的控制方法——顺序控制。使用顺序控制方法，不仅编程容易实现，而且编写的程序前后逻辑关系更加清晰，可以大大提高工程技术人员的编程效率。

本章将结合实际的例子来介绍如何确定顺序控制的各步以及如何使用顺序控制指令实现各步的功能。

6.1 顺序功能图

6.1.1 顺序功能图的组成

与传统的编程方法不同，顺序控制的核心是需要按照控制要求设计出时间上具有先后顺序的功能段和这些段之间的转换条件以及段的执行与输出。在编程之前，这些工作一般都是通过绘制顺序功能图来实现的。顺序功能图一般由步、有向连线、步的执行、步的转换等部分构成。

步是根据控制过程的状态和顺序来划分的，只要控制过程的状态发生变化，系统就会从原来的步进入新的步。

1. 步

步是顺序功能图中的基本单位，它是顺序控制条件下为完成相应的控制功能而设计的独立的控制程序或程序段，如图6-1所示。步的类型见表6-1，步的属性见表6-2，通过"步的属性"对话框更改"步属性"的设置可以更改步的类型。

（1）普通步（无属性）

普通步是构成块的基本的步，在步处于激活状态时，始终对该步的下一个转移条件进行检查，并在转移条件成立时将激活转移到下一个步。步的动作输出根据使用的指令不同，转移至下一个步时的输出状态会有所不同，见表6-3。

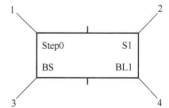

1—步名 2—步 No. 3—属性 4—属性指定目标

图 6-1 步

表 6-1　步的类型

项　目		内　容
初始步	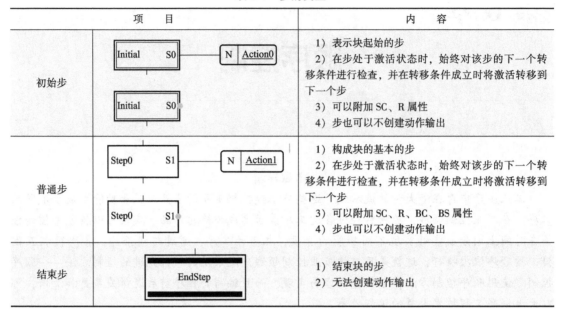	1）表示块起始的步 2）在步处于激活状态时，始终对该步的下一个转移条件进行检查，并在转移条件成立时将激活转移到下一个步 3）可以附加 SC、R 属性 4）步也可以不创建动作输出
普通步		1）构成块的基本的步 2）在步处于激活状态时，始终对该步的下一个转移条件进行检查，并在转移条件成立时激活转移到下一个步 3）可以附加 SC、R、BC、BS 属性 4）步也可以不创建动作输出
结束步		1）结束块的步 2）无法创建动作输出

表 6-2　步的属性

属　性	项　目	内　容
SC	线圈保持步［SC］	激活转移后，动作输出为 ON 的线圈仍保持输出的步
R	复位步［R］	将指定步置为非激活的步
BC	块启动步（有结束检查）［BC］	1）激活指定块的步 2）指定块变为非激活且转移条件成立时，激活将转移到下一个步 3）无法创建动作输出
BS	块启动步（无结束检查）［BS］	1）激活指定块的步 2）转移条件成立时，激活将转移到下一个步 3）无法创建动作输出

表 6-3　普通步（无属性）

项　目	内　容	示　例
使用 OUT 指令时（OUT C 指令以外）	转移至下一个步后由激活变为非激活时，通过 OUT 指令进行的输出将自动 OFF。定时器也一样，对当前值进行清除后将触点置为 OFF。但是，在 ST 语言的选择语句或重复语句内使用的 OUT 指令的输出，将不自动变为 OFF	在步（1）的动作输出中通过 OUT 指令将 Y0 置为 ON 的情况下，转移条件（2）成立时 Y0 将自动变为 OFF

（续）

项　目	内　容	示　例
使用 OUT C 指令时	1) 动作输出的计数器的执行条件已处于 ON 状态时，转移条件成立且使用计数器的步激活时，将计数 1 次 2) 在执行计数器的复位指令之前激活转移至下一个步的情况下，即使使用计数器的步变为非激活状态也将保持计数器的当前值及触点的 ON 状态 3) 对计数器进行复位的情况下，在其他步中将执行 RST 指令	(1)　(2)　(3) X10 OUT C0 K10 在步 (1) 激活时 X10 已处于 ON 状态的情况下，转移条件 (2) 成立且转移到步 (3) 时，计数器 C0 将进行 1 次计数
使用 SET 指令、基本指令或应用指令时	1) 激活转移至下一个步后，即使使用了指令的步变为非激活状态，也将保持 ON 状态或保持软元件/标签中存储的数据 2) 将 ON 状态的软元件/标签置于 OFF 或清除软元件/标签中存储的数据时，应在其他步中通过 RST 指令等进行	(1)　(3)　(4) X2 SET Y0 在步 (1) 的动作输出中通过 SET 指令将 Y0 置为 ON 的情况下 (2)，即使转移条件 (3) 成立且转移到步 (4)，Y0 仍将保持 ON
使用 PLS 指令、上升沿指令时	即使执行条件的触点处于常时 ON 状态的情况下，每当使用指令的步从非激活状态变为激活状态时也将执行指令	(2) ON PLS Y0 (1) 即使执行条件触点为常时 ON (1)，每当步 (2) 变为激活状态时也将执行 PLS 指令

103

（2）线圈保持步 [SC]

线圈保持步 [SC] 是激活转移后，动作输出为 ON 的线圈仍保持输出的步。如图 6-2 所示，通过 OUT 指令变为 ON 状态的 Y10，即使图中的转移条件 (2) 成立也不变为 OFF，而是保持 ON 状态不变，转移条件成立，且转移至下一个步后，不进行动作输出内的运算。因此，即使动作输出内的输入条件发生变化，线圈输出的状态也不变化。

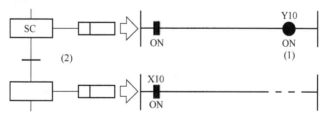

图 6-2　线圈保持步 [SC]

在转移后的线圈保持步 [SC] 中，遇到下列情况时，使保持 ON 的线圈输出变为 OFF：
1) 执行了块的结束步的情况下（SM327 为 ON 时除外）；
2) 通过 SFC 控制指令（块结束）对块进行了强制结束的情况下；
3) 通过 SFC 控制指令（步结束）对步进行了复位的情况下；
4) 设置了用于复位线圈保持步 [SC] 的复位步 [R] 被激活的情况下；

5) 将 SM321（启动/停止 SFC 程序）置为 OFF 的情况下；

6) 通过程序对线圈进行了复位的情况下；

7) 在块内的复位步［R］中指定了 S999 的情况下。

（3）复位步［R］

复位步［R］是将指定步置为非激活的步。复位步［R］在执行每个扫描动作输出之前，将本块内的指定步置于非激活状态，除复位指定步以外与普通的步（无属性）相同。

对指定步 No. 可以指定线圈保持步［SC］的步 No. 或指定为 S999。指定的步 No. 为 S999 的情况下，本块内保持中的线圈保持步［SC］将全部置为非激活。

（4）块启动步（有结束检查）［BC］

块启动步（有结束检查）［BC］是激活指定块的步，指定块变为非激活且转移条件成立时，激活将转移到下一个步。如图 6-3 所示，块启动步（有结束检查）［BC］被激活时，对块（BL1）进行启动（图中的（1））；在启动目标块（BL1）的执行结束后变为非激活状态之前将处于无处理状态，不进行图中的转移条件（2）的检查；在块（BL1）的执行结束后变为非激活状态时，仅进行图中的转移条件（2）的检查，如果转移条件（2）成立则转移到下一个步。

（5）块启动步（无结束检查）［BS］

块启动步（无结束检查）［BS］是激

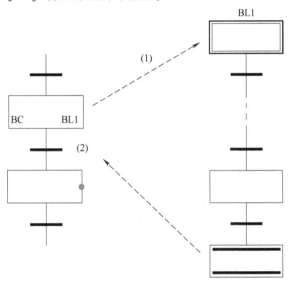

图 6-3　块启动步（有结束检查）［BC］

活指定块的步，转移条件成立时，激活将转移到下一个步。如图 6-4 所示，在块启动步（无结束检查）［BS］对块（BL1）进行了启动（图中的（1））之后，仅进行图中的转移条件（2）的检查，如果条件成立则不等待启动目标块（BL1）的结束，而转移至下一个步。

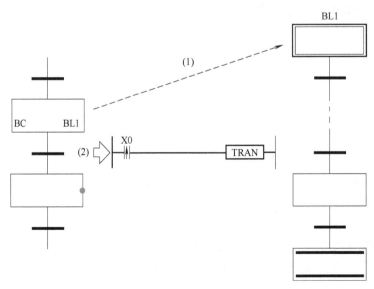

图 6-4　块启动步（无结束检查）［BS］

（6）结束步

结束步是结束块的步。激活转移到结束步，块内不存在保持中以外的激活步时，将块内的全部保持中步置为非激活后，结束块。

块内存在保持中以外的激活步的情况下，根据 SM327（END 步到达时清除处理模式）的状态进行处理，见表 6-4。

表 6-4　结束步 SM327

SM327 的状态	内　　容
OFF（默认）	将保持中步的输出全部置为 OFF
ON	将保持中步的输出全部保持。SM327 设置仅对保持中的线圈保持步［SC］有效，将转移条件未成立，不在保持中的线圈保持步［SC］的输出全部置为 OFF。此外，即使 SM327 为 ON 时，步也将由激活状态变为非激活状态。但是，通过块结束指令等进行强制结束的情况下，所有步的线圈输出将变为 OFF

2. 转移条件

转移条件是构成块的基本单位，条件成立时将激活步并转移到下一个步。

转移用与有向连线垂直的短划线表示，如图 6-5 所示。转移的实现：①前级步必须是"活动步"；②对应的转换条件成立。

转移的特点：当前步转移到下一步后，前一步的操作立即终止。

3. 动作（输出）

动作（输出）是指某步活动时，PLC 向被控系统发出的命令或系统应执行的动作。动作用矩形框且中间用文字或符号表示，如图 6-6 所示。N 表示在步的活动期间执行运行输出，无法设置 N 除外的字符。

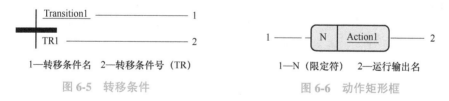

1—转移条件名　2—转移条件号（TR）

图 6-5　转移条件

1—N（限定符）　2—运行输出名

图 6-6　动作矩形框

6.1.2　顺序功能图的基本结构

1. 单序列结构

顺序功能图的单序列结构如图 6-7a 所示，每个前级步的后面只有一个转换，每个转换的后面只有一步，每一步都按顺序相继激活。

2. 选择序列结构

顺序功能图的选择序列结构如图 6-7b 所示，一个前级步的后面紧跟着若干后续步可供选择，但一般只允许选择其中的一条分支。

3. 并列序列结构

顺序功能图的并列序列结构如图 6-7c 所示，一个前级步的后面紧跟着若干后续步，当转换实现时将后续步同时激活。

注：用双线表示并进并出。

4. 跳步、重复和循环序列结构

1）跳步序列：当转移条件满足时，几个后续步将被跳过不执行，如图 6-7d 所示。

2）重复序列：当转移条件满足时，重新返回到某个前级步执行，如图 6-7e 所示。

3）循环序列：当转移条件满足时，用重复的办法直接返回到初始步，如图 6-7f 所示。

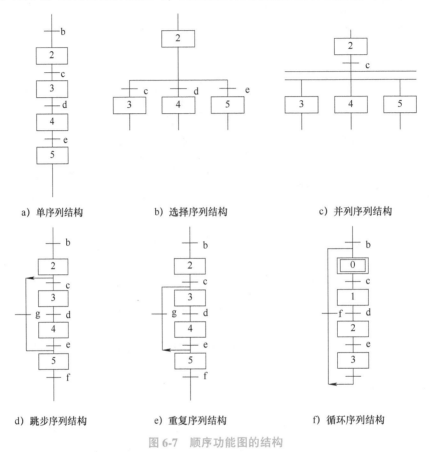

a）单序列结构   b）选择序列结构   c）并列序列结构

d）跳步序列结构   e）重复序列结构   f）循环序列结构

图 6-7 顺序功能图的结构

6.1.3 顺序功能图的绘制

绘制顺序功能图没有严格的规律可寻，工程上常用的方法就是仔细地分析控制系统的要求和控制对象的工作过程，按功能、时间进行归类总结，并在时间上划分出有一定次序的工作步骤，以及各步骤的转换条件，在这些步骤中确定哪些是需要并行执行的，哪些是依次顺序执行的，哪些是循环结构或是非循环结构。下面以某组合机床液压工作台控制系统为例来说明如何绘制顺序功能图。

设计某组合机床液压工作台控制系统，控制要求如下：

1）开始时滑台在行程开关 SQ_1 处，当按下起动按钮 SB_1 时，电磁阀 YA_1 动作，滑台开始快速前进；

2）当滑台达到行程开关 SQ_2 时，电磁阀 YA_2 动作，滑台开始工进；

3）当滑台达到行程开关 SQ_3 时，电磁阀 YA_3 动作，滑台开始快速后退；

4）当滑台达到行程开关 SQ_1 时，滑台停止，等待下一次起动。

1. 顺序功能图中步的确定与绘制

1）4 步序的确定：根据控制要求，画出该工作台的工作过程（见图 6-8）及电磁阀的时序图（见图 6-9）。根据电磁阀 YA_1、YA_2 和 YA_3 的时序图，可以将整个工作过程划分为 4

个不同的输出状态，即原位、快进、工进和快退 4 步。用 step0～step3 代表原位、快进、工进和快退这 4 个步的编号。

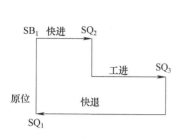

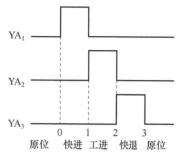

图 6-8　某组合机床液压工作台的工作过程示意图　　图 6-9　某组合机床液压工作台的电磁阀时序图

2）顺序功能图中步的绘制如图 6-10a 所示。

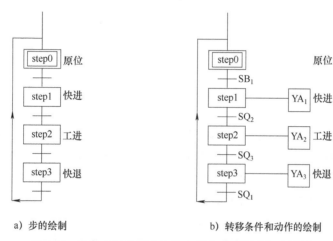

a）步的绘制　　　　　　　　　　b）转移条件和动作的绘制

图 6-10　某组合机床液压工作台顺序功能图的初步绘制

2. 转移条件和动作的确定与绘制

1）转移条件和动作的确定：

当按下起动按钮 SB_1 时，电磁阀 YA_1 动作，滑台开始快速前进。即原位（step0）转换到快进（step1）的转移条件为 SB_1，电磁阀 YA_1 动作。

当滑台达到行程开关 SQ_2 时，电磁阀 YA_2 动作，滑台开始工进。即快进（step1）转换到工进（step2）的转移条件为 SQ_2，电磁阀 YA_2 动作。

当滑台达到行程开关 SQ_3 时，电磁阀 YA_3 动作，滑台开始快速后退。即工进（step2）转换到快退（step3）的转移条件为 SQ_3，电磁阀 YA_3 动作。

当滑台达到行程开关 SQ_1 时，滑台停止，等待下一次起动。即快退（step3）转换到原位（step0）的转移条件为 SQ_1。

2）转移条件和动作的绘制如图 6-10b 所示。

3. PLC 接线图的绘制和顺序功能图的改画

1）PLC 接线图的绘制如图 6-11a 所示。

2）顺序功能图的改画如图 6-11b 所示。

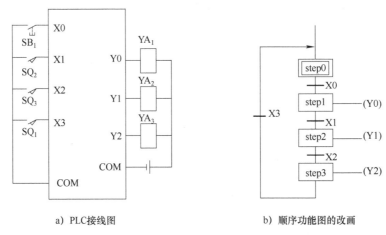

a) PLC接线图 b) 顺序功能图的改画

图 6-11　PLC 接线图和顺序功能图

6.2　三菱 PLC 顺序控制指令及其应用

6.2.1　状态元件

状态元件（又称状态继电器）是构成状态转移图的基本元素，其作用是从母线上提供一个状态接点，形成子母线。状态元件具有负载驱动、指定状态转移条件和状态转移方向三个要素，这三个要素描述了一个状态的基本特征和功能。三菱 PLC 有状态元件 1000 点（S0~S999），其功能分类和编号见表 6-5。

表 6-5　三菱 PLC 状态元件的分类与编号

功　能	元件编号	点　数	用途及特点
初始状态	S0~S9	10	用于状态转移图（SFC）的初始状态
原点复位	S10~S19	10	多运行模式控制中，用作返回原点的状态
一般状态	S20~S499	480	用作状态转移图（SFC）的中间状态
断电保持状态	S500~S899	400	具有停电保持功能，用于停电恢复后需要继续执行停电前状态的场合
信号报警状态	S900~S999	100	用作报警元件

图形编程语言 SFC 包括生成一系列顺序步，确定每一步的内容，以及步与步之间的转移条件。编写每一步的程序要用特殊的编程语言，其指令见表 6-6。

表 6-6　三菱 PLC 顺序控制指令

指　令	注　释
[STEP]	步（S）
[JUMP]	跳转（J）
[END]	结束步（E）
[DUMMY]	空步（D）

（续）

指　　令	注　　释
［TR］	转移（T）
［--D］	选择分支（F）
［==D］	并列分支（G）
［--C］	选择分支合并（H）
［==C］	并列分支合并（I）
［｜］	竖线（L）
TRAN	转换（指满足 TRAN 的前面条件时，向下跳转执行下一个状态图）

6.2.2　应用举例

1. 某组合机床液压工作台控制系统

下面以 6.1.3 节中某组合机床液压工作台控制系统为例，介绍如何用 GX Works3 编辑顺序控制程序。

（1）PLC 的输入和输出接口（见表 6-7 和表 6-8）

表 6-7　数字量输入地址定义

符　　号	地　　址	数据类型	注　　释
SB$_1$	X0	BOOL	起动按钮
SQ$_2$	X1	BOOL	行程开关
SQ$_3$	X2	BOOL	行程开关
SQ$_1$	X3	BOOL	行程开关

表 6-8　数字量输出地址定义

符　　号	地　　址	数据类型	注　　释
YA$_1$	Y0	BOOL	电磁阀
YA$_2$	Y1	BOOL	电磁阀
YA$_3$	Y2	BOOL	电磁阀

（2）绘制 PLC 控制程序流程图

根据系统控制要求，先画出该工作台的自动工作过程的顺序功能图，如图 6-11b 所示。

（3）创建项目

打开 GX Works3，然后使用菜单栏中的"工程"→"创建新工程"命令创建一个项目，在弹出的"新建"对话框中，选择 PLC 系列和机型，在"程序语言"下拉列表中选择"SFC"编程语言，如图 6-12 所示。

在"CPU 参数"中将"SFC 使用有无"的设置更改为"使用"，"SFC 程序启动模式"为"初始启动"，"启动条件"为"自动启动块 0"，如图 6-13 所示。

（4）编写顺序功能图

单击编程界面左边的"MAIN"，双击"程序本体"，弹出编程界面，在编程区编写顺序功能图，如图 6-14 所示。

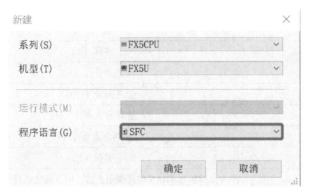

图 6-12　创建新工程

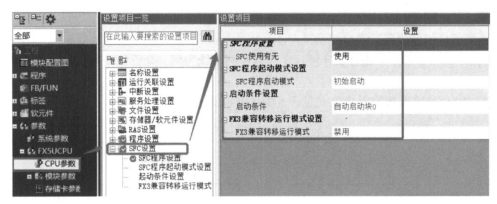

图 6-13　SFC 设置

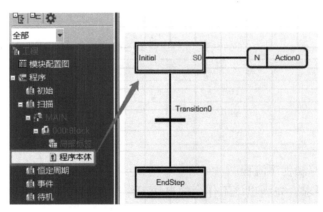

图 6-14　打开顺序功能图编程块

1）编辑初始步（Initial），即初始化所有输出。用鼠标选中初始步动作矩形框"N Ac-tion0"，双击"Action0"，弹出"新建数据"对话框，在"程序语言"下拉列表中选择"梯形图"，单击"确定"按钮，弹出编程窗口，编写该步需要执行的程序，如图 6-15 所示。

2）编辑初始步（Initial）到第一步（Step0）的转移条件。用鼠标双击转移条件"Tran-sition0"，弹出"新建数据"对话框，在"程序语言"下拉列表中选择"梯形图"，单击"确定"按钮，弹出转移条件编程界面，根据图 6-11b 所示，输入 X0 常开触点，再选择"线圈"，单击"确定"按钮，转移条件编写完成，如图 6-16 所示。

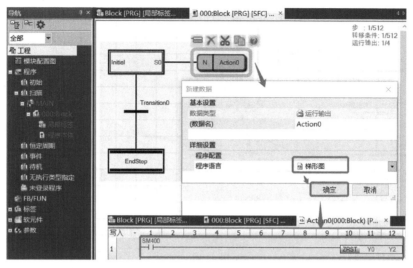

图 6-15　编写初始步

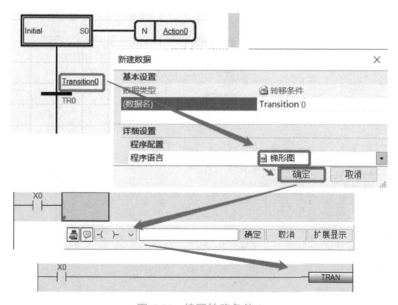

图 6-16　编写转移条件 1

111

3）插入第一步（Step0）程序。用鼠标选中"TR0"，弹出对步操作的对话框，选择"插入步"图标，即插入新的步（Step0），如图 6-17 所示。

用鼠标选中第一步动作矩形框"N Action1"，双击"Action1"，弹出"新建数据"对话框，在"程序语言"下拉列表中选择"梯形图"，单击"确定"按钮，弹出编程窗口，编写该步需要执行的程序，如图 6-18 所示。

4）编辑第一步（Step0）到第二步（Step1）的转移条件。用鼠标双击转移条件"Transition1"，弹出"新建数据"对话框，在"程序语言"下拉列表中选择

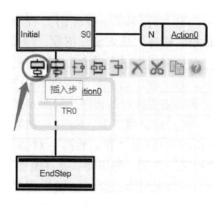

图 6-17　插入第一步（Step0）

"梯形图"，单击"确定"按钮，弹出转移条件编程界面，编写转移条件，如图 6-19 所示。

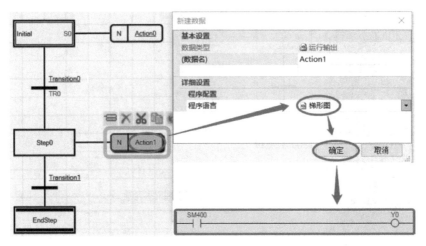

图 6-18　编写第一步（Step0）程序

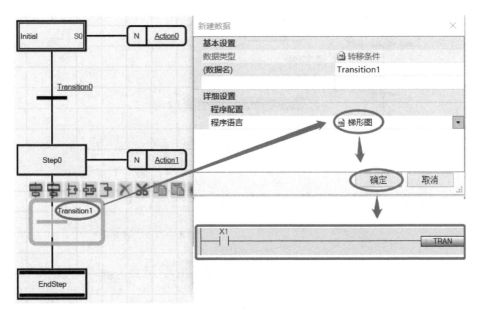

图 6-19　编写转移条件 2

5）编写第二步（Step1）程序。用鼠标选中"Transition（TR1）"，弹出对步操作的对话框，选择"插入步"图标，即插入新的步（Step1），如同图 6-17 所示。

用鼠标选中第二步动作矩形框"N Action2"，双击"Action2"，弹出"新建数据"对话框，在"程序语言"下拉列表中选择"梯形图"，单击"确定"按钮，弹出编程窗口，编写该步需要执行的程序，如图 6-20 所示。

6）编辑第二步（Step1）到第三步（Step2）的转移条件。用鼠标双击转移条件"Transition2"，弹出"新建数据"对话框，在"程序语言"下拉列表中选择"梯形图"，单击"确定"按钮，弹出转移条件编程界面，编写转移条件，如图 6-21 所示。

7）编写第三步（Step2）程序。用鼠标选中"Transition（TR2）"，弹出对步操作的对话框，选择"插入步"图标，即插入新的步（Step2），如同图 6-17 所示。

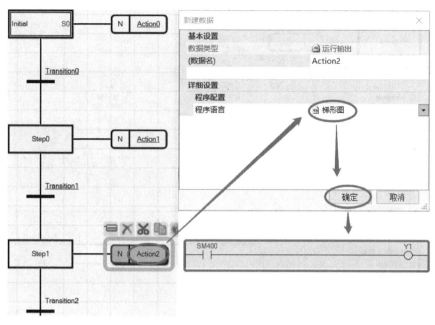

图 6-20　编写第二步（Step1）程序

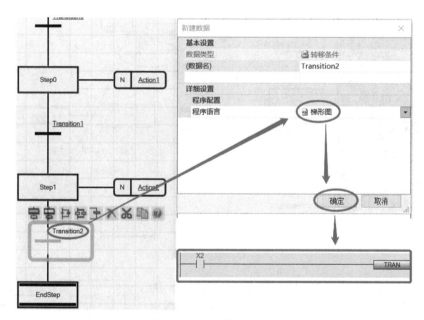

图 6-21　编写转移条件 3

113

用鼠标选中第三步动作矩形框 "N Action3"，双击 "Action3"，弹出 "新建数据" 对话框，在 "程序语言" 下拉列表中选择 "梯形图"，单击 "确定" 按钮，弹出编程窗口，编写该步需要执行的程序，如图 6-22 所示。

8）编辑跳转指令。用鼠标选中 "Transition（TR3）"，在工具栏中选择 "跳转" 图标，弹出跳转对话框，在对话框中输入需要跳转到的步，按回车键确定，如图 6-23 所示。

9）删除 EndStep 步。用鼠标选中 "EndStep" 步，弹出对步操作的对话框，选择 "删除步" 图标，如图 6-24 所示。

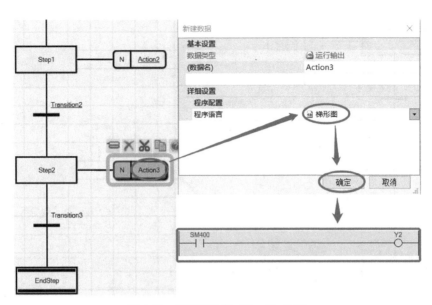

图 6-22 编写第三步（Step2）程序

114

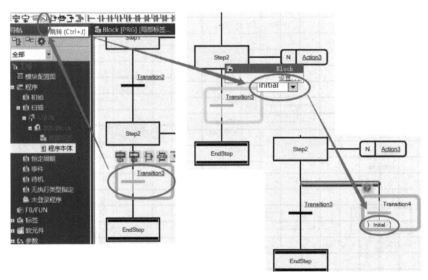

图 6-23 编辑跳转指令

10）编辑第三步（Step2）跳到初始步（Initial）的转移条件。用鼠标双击转移条件"Transition3"，弹出"新建数据"对话框，在"程序语言"下拉列表中选择"梯形图"，单击"确定"按钮，弹出转移条件编程界面，编写转移条件，如图 6-25 所示。

11）转换编译。在工具栏中单击"全部转换"按钮，对整个程序进行转换编译，检查是否有错误，如图 6-26 所示。

12）整个程序编辑完成，下载到 PLC 中进行调试。

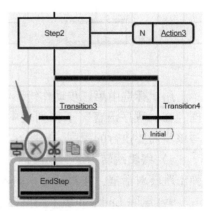

图 6-24 删除 EndStep 步

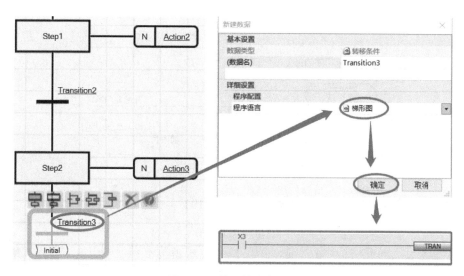

图 6-25　编写转移条件 4

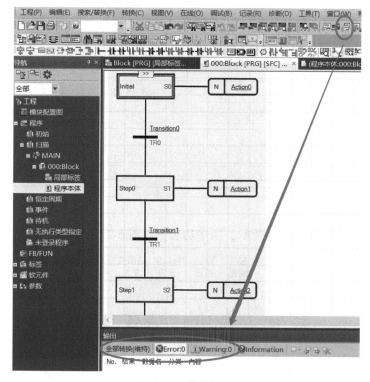

图 6-26　转换编译

2. 小车往返控制系统

(1) 控制对象简介

小车往返控制要求：小车原始位置在后限位行程开关 X3（为 ON）处，若起动按钮 X0 按下后，小车前行，碰到前限位行程开关 X2（为 ON），电磁阀 Y2 打开，延时 10s 装料，装好后小车自动后行，至后限位压下 X3（为 ON），电磁阀 Y3 打开，延时 6s 卸料，如此循环运行，直到停止，如图 6-27 所示。

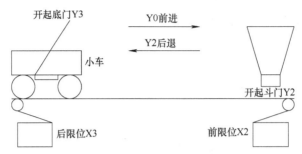

图 6-27 小车往返示意图

（2）PLC 的输入和输出接口（见表 6-9 和表 6-10）

表 6-9 数字量输入地址定义

符　号	地　址	数据类型	注　释
SB$_1$	X0	BOOL	起动按钮
SB$_2$	X1	BOOL	停止按钮
SQ$_1$	X2	BOOL	前行程开关
SQ$_2$	X3	BOOL	后行程开关

表 6-10 数字量输出地址定义

符　号	地　址	数据类型	注　释
KM$_1$	Y0	BOOL	前进交流接触器
KM$_2$	Y1	BOOL	后退交流接触器
YA$_1$	Y2	BOOL	进料电磁阀
YA$_2$	Y3	BOOL	放料电磁阀

（3）PLC 控制程序开发

PLC 的 I/O 接线图如图 6-28 所示，顺序功能图如图 6-29 所示。

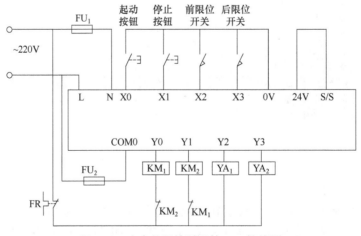

图 6-28 小车往返控制系统 I/O 接线图

3. 洗车流程控制系统

（1）控制对象简介

1）若方式选择开关 SCO 置于手动方式，当按下起动按钮 SB$_1$ 后，则按下列程序动作：

执行泡沫清洗（用 MC$_1$ 驱动）；按 PB$_1$ 则执行清水冲洗（用 MC$_2$ 驱动）；按 PB$_2$ 则执行风干（用 MC$_3$ 驱动）；按 PB$_3$ 则结束洗车。

2）若方式选择开关 SCO 置于自动方式，当按下起动按钮 SB$_1$ 后，则自动按洗车流程执行。其中，泡沫清洗 10s，清水冲洗 20s，风干 5s，结束后回到待洗状态。

3）任何时候按下停止按钮 SB$_2$，则所有输出复位，停止洗车。

（2）PLC 的输入和输出接口（见表 6-11 和表 6-12）

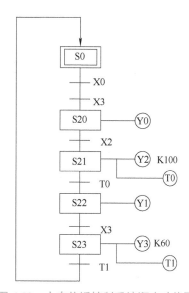

图 6-29 小车往返控制系统顺序功能图

表 6-11　数字量输入地址定义

符 号	地 址	数据类型	注 释
SB$_1$	X0	BOOL	起动按钮
SCO	X1	BOOL	模式选择开关
SB$_2$	X2	BOOL	停止按钮
PB$_1$	X3	BOOL	清水冲洗按钮
PB$_2$	X4	BOOL	风干按钮
PB$_3$	X5	BOOL	结束按钮

表 6-12　数字量输出地址定义

符 号	地 址	数据类型	注 释
YA$_1$	Y0	BOOL	清水冲洗驱动
YA$_2$	Y1	BOOL	泡沫清洗驱动
YA$_3$	Y2	BOOL	风干机驱动

（3）PLC 控制程序开发

PLC 的 I/O 接线图如图 6-30 所示，顺序功能图如图 6-31 所示。

4. 气压式冲孔加工机控制系统

（1）控制对象简介

气压式冲孔加工机控制系统如图 6-32 所示。

1）工件的补充、冲孔、测试及搬运可同时进行。

2）工件的补充由传送带（电动机 M$_0$ 驱动）送入。

3）工件的搬运分合格品及不合格品两种，由测孔部分判断。若测孔机在设定时间内能测孔到底（MS$_2$ ON），则为合格品，否则即为不合格品。

4）不合格品在测孔完毕后，由 A 缸抽离隔离板，让不合格的工件自动掉入废料箱；若为合格品，则在工件到达搬运点后，由 B 缸抽离隔离板，让合格的工件自动送入包装箱。

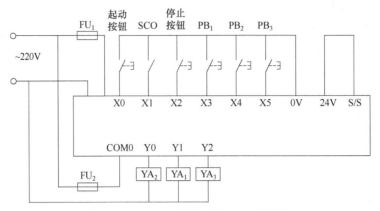

图 6-30 洗车流程控制系统 I/O 接线图

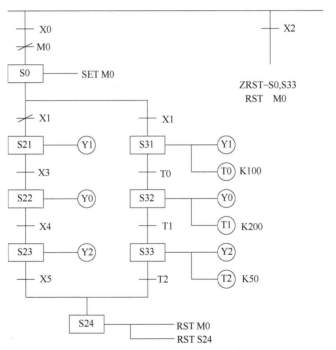

图 6-31 洗车流程控制系统顺序功能图

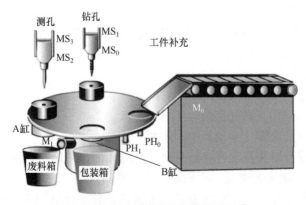

图 6-32 气压式冲孔加工机控制系统

118

（2）PLC 的输入和输出接口（见表 6-13 和表 6-14）

表 6-13　数字量输入地址定义

符　号	地　址	数据类型	注　释
SB_1	X0	BOOL	停止按钮
SB_2	X1	BOOL	起动按钮
PH_0	X2	BOOL	有无工件检测传感器
PH_1	X3	BOOL	转盘定位传感器
MS_0	X4	BOOL	钻孔设备下限位
MS_1	X5	BOOL	钻孔设备上限位
MS_2	X6	BOOL	测孔设备下限位
MS_3	X7	BOOL	测孔设备上限位

表 6-14　数字量输出地址定义

符　号	地　址	数据类型	注　释
YA_1	Y0	BOOL	传送带驱动 M_0
YA_2	Y1	BOOL	转盘驱动 M_1
YA_3	Y2	BOOL	A 缸驱动
YA_4	Y3	BOOL	B 缸驱动
YA_5	Y4	BOOL	钻孔驱动
YA_6	Y5	BOOL	测孔驱动

（3）PLC 控制程序分析与开发

PLC 的 I/O 接线图如图 6-33 所示。

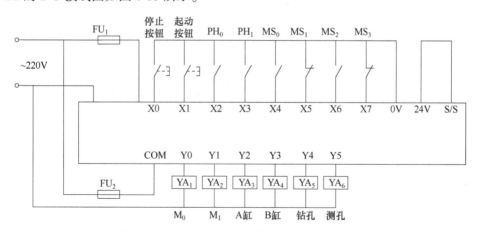

图 6-33　气压式冲孔加工机控制系统 I/O 接线图

1）系统由 5 个流程组成：复位流程，清除残余工件；工件补充流程，根据有无工件控制传送带的起停；冲孔流程，根据冲孔位置有无工件，控制冲孔机实施冲孔加工；测孔流程，检测孔加工是否合格，由此判断工件的处理方式；搬运流程，将合格工件送入包装箱。

2）因为只有一个放在工件补充位置的 PH_0 来侦测工件的有无，而另外的钻孔、测孔及搬运位置并没有其他传感装置，那么应如何得知相应位置有无工件呢？本例所使用的方式是为工件补充、钻孔、测孔及搬运设置 4 个标志，即 M10～M13。当 PH₀ 侦测到传送带送来的工件时，则设定 M10 为 1，当转盘转动后，用左移指令将 M10～M13 左移一个位元，亦即 M11 为 1，钻孔机根据此标志为 1 而动作，其他依此类推，测孔机依标志 M12 动作，包装搬运依 M13 动作。

顺序功能图如图 6-34 所示。

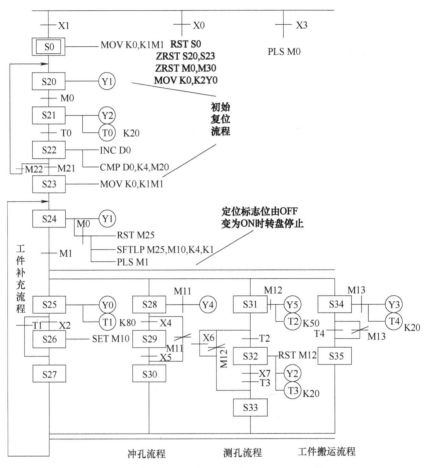

图 6-34　气压式冲孔加工机控制系统顺序功能图

 习题与思考题

6-1　编写三级皮带运输机 PLC 顺序控制程序，要求如下：

某一生产线的末端有一台三级皮带运输机，分别由 M₁、M₂、M₃ 三台电动机拖动，起动时要求按 10s 的时间间隔，并按 M₁→M₂→M₃ 的顺序起动；停止时按 15s 的时间间隔，并按 M₃→M₂→M₁ 的顺序停止。皮带运输机的起动和停止分别由起动按钮和停止按钮来控制。三级皮带运输机示意图如图 6-35

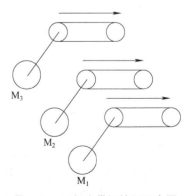

图 6-35　三级皮带运输机示意图

所示。

6-2　编写机械手臂控制系统（见图 6-36）PLC 顺序控制程序，控制要求如下：

（1）工件的补充使用人工控制，可直接将工件放在 D 点（LS_0 动）。

（2）只要 D 点有工件，机械手臂即先下降（B 缸动作）将工件抓取（C 缸动作）后上升（B 缸复位），再将工件搬运（A 缸动作）到 E 点上方，机械手臂再次下降（B 缸动作）后放开（C 缸复位）工件，机械手臂上升（B 缸复位），最后机械手臂回到原点（A 缸复位）。

（3）A、B、C 缸均为单作用气缸，使用电磁控制。

（4）C 缸在抓取或放开工件后，都需有 1s 的间隔，机械手臂才能动作。

（5）当 E 点有工件且 B 缸已上升到 LS_4 时，传送带电动机转动以运走工件，经 2s 后传送带电动机自动停止。工件若未完全运走（计时未到）时，则应等待传送带电动机停止后才能将工件移走。

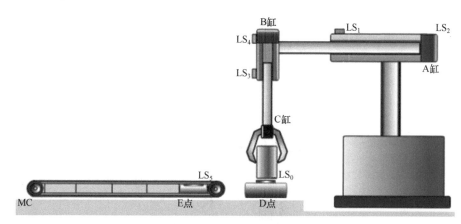

图 6-36　机械手臂控制系统

6-3　编写多种液体混合系统（见图 6-37）PLC 顺序控制程序，要求如下：

（1）初始状态，容器是空的，YA_1、YA_2、YA_3、YA_4 为 OFF，SL_1、SL_2、SL_3 为 OFF，搅拌机 M 为 OFF。

（2）起动按钮按下，YA_1 = ON，液体 A 进容器，当液体达到 SL_3 所在位置时，SL_3 = ON，YA_1 = OFF，YA_2 = ON，液体 B 进入容器；当液体达到 SL_2 所在位置时，SL_2 = ON，YA_2 = OFF，YA_3 = ON，液体 C 进入容器；当液面达到 SL_1 所在位置时，SL_1 = ON，YA_3 = OFF，M 开始搅拌。

（3）搅拌到 10s 后，M = OFF，EH = ON，开始对液体加热。

（4）当温度达到一定时，ST = ON，EH = OFF，停止加热，YA_4 = ON，放出混合液体。

（5）液面下降到 SL_3 所在位置后，SL_3 = OFF，过 5s，容器空，YA_4 = OFF。

（6）要求中间隔 5s 后，开始下一周期，如此循环。

6-4　编写十字路口交通信号灯 PLC 顺序控制程序，要求如下：

在城市十字路口的东、西、南、北方向装设了红、绿、黄三色交通信号灯，为了交通安全，红、绿、黄灯必须按照一定时序轮流发亮。试设计、安装与调试十字路口交通信号灯控制电路。交通信号灯示意图和交通信号灯时序图如图 6-38 所示。

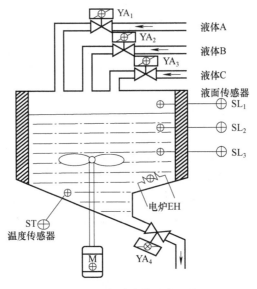

图 6-37　多种液体混合系统

122

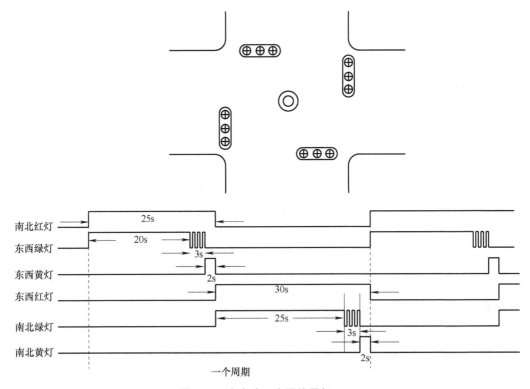

图 6-38　十字路口交通信号灯

第7章

三菱FX5U PLC模拟量及其应用

本章导读

本章主要讲解三菱 FX5U PLC 内置模拟量输入和输出端口原理以及在项目中的具体应用。

7.1 三菱 FX5U PLC 模拟量基础知识

FX5U PLC 内置模拟量模块具有 2 路输入、1 路输出，其端子排如图 7-1 所示。其中，V1+与 V-为第 1 路模拟量输入，V2+与 V-为第 2 路模拟量输入，输入电压为 DC0～10V（输入电阻为 115.7kΩ），根据端口输入不同的电压值（DC0～10V）时，V1+与V-对应的模拟量特殊寄存器是 SD6020，输出成比例地对应 0～4000 的数字量，V2+与 V-对应的模拟量特殊寄存器是 SD6060。FX5U PLC 内置模拟量模块输入规格见表 7-1，模拟量模块输出规格见表 7-2。

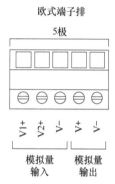

图 7-1 内置模拟量端子

表 7-1 FX5U PLC 内置模拟量模块输入规格

项 目		规 格
模拟量输入点数		2 点（2 通道）
模拟量输入	电压	DC0～10V（输入电阻为 115.7kΩ）
数字输出		12 位无符号二进制
软元件分配		SD6020（通道 1 的输入数据）
		SD6060（通道 2 的输入数据）
输入特性、最大分辨力	数字输出值	0～4000
	最大分辨力	2.5mV
精度（相对于数字输出值满量程的精度）	环境温度（25±5）℃	±0.5%（±20digit）以内
	环境温度 0～55℃	±1.0%（±40digit）以内
	环境温度-20～0℃	±1.5%（±60digit）以内
转换速度		30μs/CH（数据的更新为每个运算周期）
绝对最大输入		-0.5V、±15V
绝缘方式		与 CPU 模块内部非绝缘，与输入端子之间（通道间）非绝缘
输入/输出占用点数		0 点（与 CPU 模块最大输入/输出点数无关）

表 7-2　FX5U PLC 内置模拟量模块输出规格

项　目		规　格
模拟量输出点数		1 点（1 通道）
模拟量输出	电压	DC 0~10V（外部负载电阻为 2kΩ~1MΩ）
数字输入		12 位无符号二进制
软元件分配		SD6180（通道 1 的输出设定数据）
输入特性、最大分辨力	数字输入值	0~4000
	最大分辨力	2.5mV
精度（相对于数字输出值满量程的精度）	环境温度（25±5）℃	±0.5%（±20digit）以内
	环境温度 0~55℃	±1.0%（±40digit）以内
	环境温度-20~0℃	±1.5%（±60digit）以内
转换速度		30μs/CH（数据的更新为每个运算周期）
绝对最大输入		-0.5V、±15V
绝缘方式		与 CPU 模块内部非绝缘
输入/输出占用点数		0 点（与 CPU 模块最大输入/输出点数无关）

7.2　三菱 FX5U PLC 温度采集与触摸屏监控

按下启动按钮，系统开始运行：①若当前温度>上限温度，制冷设备启动降温，直至降温到上限温度后，停止制冷降温；②若当前温度<下限温度，加热棒开始加热，直至加热到上限温度后，停止加热；③触摸屏能设置上下限温度值、显示当前温度实时值和设置加热器输出电压值；④加热和制冷不能同时工作；⑤触摸屏上显示温度变化趋势实时图，图中有当前温度标尺、上限温度标尺、下限温度标尺和实时温度曲线。按下停止按钮，全部程序停止运行。

1. PLC 设置及编程

（1）PLC 的输入和输出接口定义及接线

PLC 的输入/输出接口地址定义见表 7-3，接线图见图 7-2。

表 7-3　数字量输入/输出接口地址定义

符　号	地　址	数据类型	注　释
SB₁	X0	BOOL	启动按钮
SB₂	X1	BOOL	停止按钮
C	Y0	BOOL	制冷启动阀
H	Y1	BOOL	加热棒
T	V1+		温度传感器模拟量电压输入

（2）模拟量输入参数设置

打开 PLC 编程界面左侧"导航"目录树，依次打开"参数"→"FX5UCPU"→"模块参数"→"模拟输入",双击"模拟输入"选项,本项目只使用通道 1,即将 CH1 的"A/D 转换允许/禁止设置"设置为"允许",然后单击"应用"按钮,即可完成设置,如图 7-3 所示。

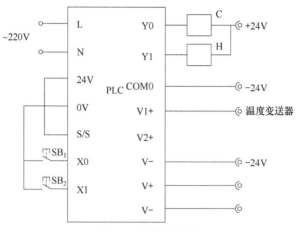

图 7-2　接线示意图

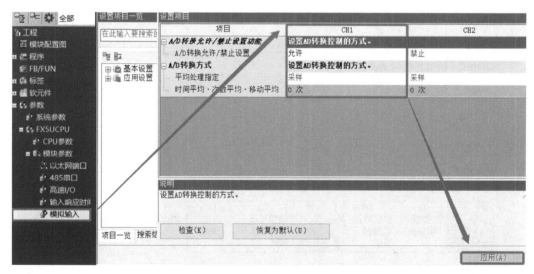

图 7-3　模拟量输入参数设置

（3）PLC 通信地址设置

本项目 PLC 的 IP 地址设置为 192.168.3.20,如图 7-4 所示。

（4）程序设计

本项目选择的温度变送器输出电压为 DC 0~10V,对应温度范围为 0~100℃。温度控制的参考程序如图 7-5 所示。

2. 三菱触摸屏人机界面设计

GT Designer3 是三菱触摸屏人机界面的设计软件,可以进行工程创建、模拟及与 GOT 间的数据传送。它是三菱 GT Works3 软件包的组成部分,用户需要下载 GT Works3 进行安装并选择 GT Designer3。默认的 GT Designer3 是 GOT2000 系列和 GOT1000 系列用的画面创建软件,若需要支持 GOT SIMPLE 系列,则需在安装完 GT Designer3 后继续安装 GS Installer。

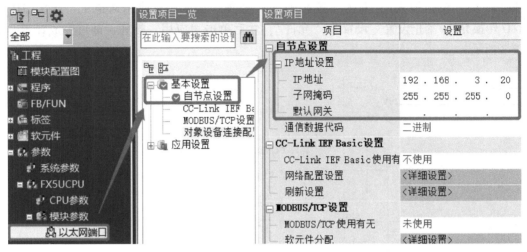

图 7-4　PLC IP 地址设置

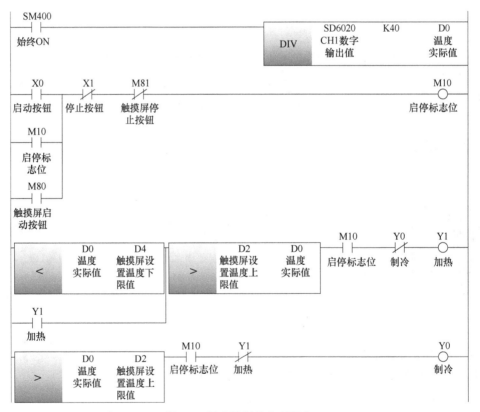

图 7-5　温度控制的参考程序

（1）新建人机界面

在进行触摸屏画面设计前，需要创建工程，工程分为工作区格式和单文件格式两种。工作区格式是将多个工程以工作区的方式进行管理的文件格式，而单文件格式是将工程作为单独的文件进行管理的文件格式。启动 GT Designer3 后，出现"工程选择"对话框，如图 7-6 所示。

根据需求可分别选择新建、引用创建或者打开工程。以下以新建工程为例，介绍如何进行触摸屏画面设计。在"工程的新建向导"对话框通过向导的形式一步一步完成工程的创建，将引导用户完成初始的大部分设置，主要包括系统设置、连接机器设置（选择触摸屏要连接的设备，本项目连接的设备为 FX5U）、GOT IP 地址设置（要和PLC 的 IP 地址在同一个网段中，本项目触摸屏 IP 地址为

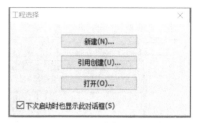

图 7-6　"工程选择"对话框

192.168.3.18，PLC 的 IP 地址为 192.168.3.20）、画面切换及画面的设计等，如图 7-7 所示。

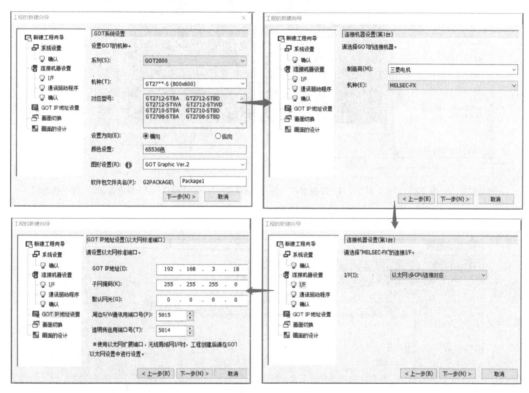

图 7-7　"工程的新建向导"对话框

设置完工程的新建向导后，进入 GT Designer3 软件的主界面，如图 7-8 所示。

（2）启动按钮、停止按钮及指示灯设置

GT Designer3 的开关类型分为开关、位开关、字开关、画面切换开关、站号切换开关、扩展功能开关、按键窗口显示开关和按键代码开关，其中位开关是最常用的，常与 PLC 输入端配合。位开关可设置软元件、样式、文本、扩展功能和动作条件，其中最主要的是需设置其软元件和动作条件。

启动按钮设置如图 7-9 所示，在最右侧的工具栏中找到"按钮"图标，单击"按钮"图标，在"画面编辑器"相应位置单击按住，拖动鼠标至适合大小时释放鼠标，双击需要编辑的"按钮"，在"动作设置"→"位"→"软元件"中设置对应 PLC 程序分配的 M80，在"文本"选项卡中定义按钮名称为"启动按钮"。停止按钮类似设置。

指示灯往往对应 PLC 的输出。指示灯只有两类，一类是位指示灯，另一类是字指示灯。

可以对指示灯的软元件/样式、文本、扩展功能和显示条件进行设置。

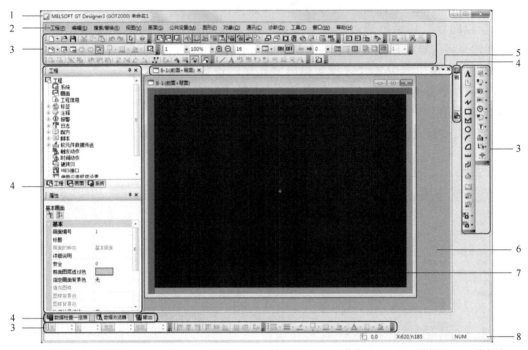

1—标题栏 2—菜单栏 3—工具栏 4—折叠窗口 5—编辑器页 6—工作窗口 7—画面编辑器 8—状态栏

图 7-8 GT Designer3 软件主界面

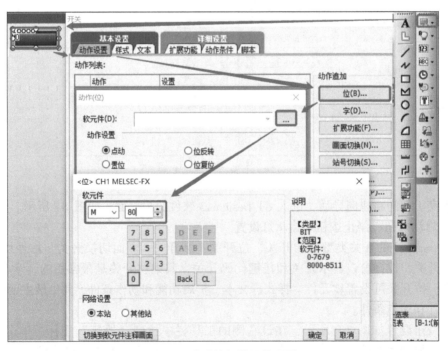

图 7-9 启动按钮软元件设置

指示灯设置如图 7-10 所示，在最右侧的工具栏中找到"指示灯"图标，单击"指示灯"图标，在"画面编辑器"相应位置单击按住，拖动鼠标至适合大小时释放鼠标，双击需要编辑的"指示灯"，在"软元件/样式"→"位"→"软元件"中设置对应 PLC 程序分配的 M10。

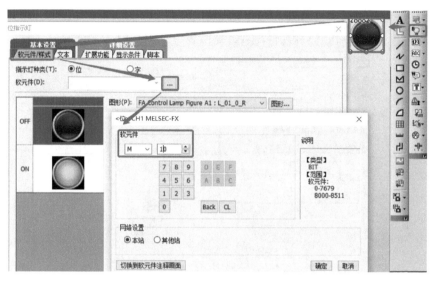

图 7-10　指示灯软元件设置

（3）温度上下限值组态设置

温度上限值设置如图 7-11 所示，在最右侧的工具栏中找到"数值显示/输入"图标，单击"数值显示/输入"图标，在"画面编辑器"相应位置单击按住，拖动鼠标至适合大小时释放鼠标，双击需要编辑的"数值显示/输入"，在"数值输入"对话框的"软元件"选项卡中，将"种类"设置为"数值输入"，"软元件"设置为 D2，"数据格式"设置为"无符号 BIN16"，"显示格式"设置为"有符号 10 进制数"，"整数部位数"设置为"3"。类似设置温度下限值。

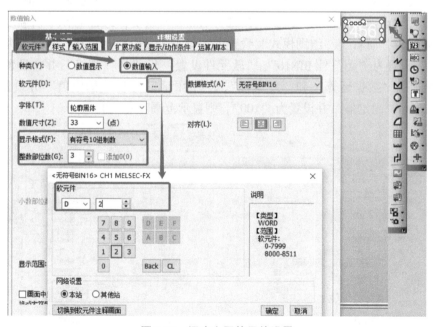

图 7-11　温度上限软元件设置

（4）温度显示组态设置

温度显示"软元件"选项界面设置如图 7-12 所示，参照前述操作。

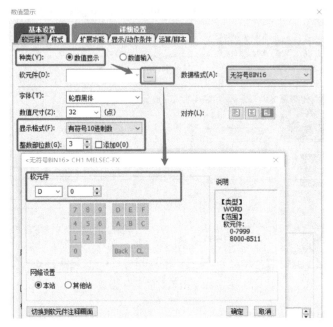

图 7-12　温度显示软元件设置

（5）趋势图表组态设置

趋势图表组态设置如图 7-13 所示，在最右侧的工具栏中找到"图表"图标，单击"图表"图标，选择"趋势图表"，在"画面编辑器"相应位置单击按住，拖动鼠标至适合大小时释放鼠标，双击需要编辑的"趋势图表"，进入"基本设置"栏中的"数据"选项卡，将"图表种类"设置为"趋势图表"，"图表数目"设置为"3"（温度上限值、实时温度、温度下限值），"点数"设置为"300"（X 轴为 10min 即 600s，每 2s 显示一次温度值），"显示方向"设置为"向右"，"绘图模式"设置为"笔录式显示"，"点格式"设置为"直线"，"数据格式"设置为"无符号 BIN16"，"软元件设置"设置为"随机"并在设置框中分别设置"软元件""数据运算"和"线属性"，"下限值"选择"固定值"并设置为"0"，"上限值"选择"固定值"并设置为"100"，则显示范围为 0~100℃。

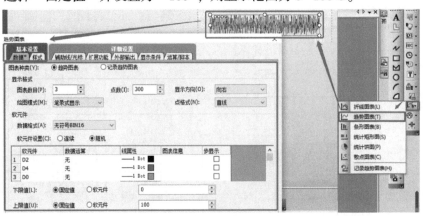

图 7-13　趋势图表组态设置

在"样式"选项卡中，选择轴位置"左（F）"，按照图 7-14 所示设置温度刻度参数；选择轴位置"下（B）"，按照图 7-15 所示设置时间刻度参数；轴位置"上（P）"和"右（G）"不需要显示，因此将这两个参数中的"主刻度显示"和"刻度值显示"复选框取消勾选，如图 7-16 所示。温度设置为每 2s 采集显示一次，因此需要在"显示条件"选项卡中，勾选"仅触发成立时收集数据"复选框，并将周期值设置为"20"（20×100ms 即为 2s 触发），如图 7-17 所示。

温度显示项目组态设计界面如图 7-18 所示。

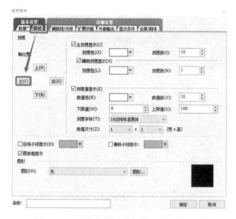

图 7-14　温度轴刻度显示参数设置

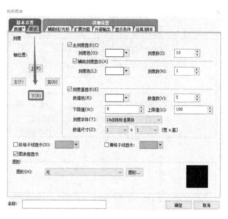

图 7-15　时间轴刻度显示参数设置

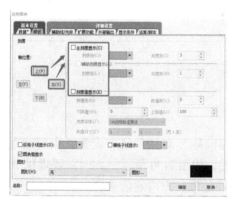

图 7-16　上右轴刻度显示参数设置

图 7-17　显示条件参数设置

131

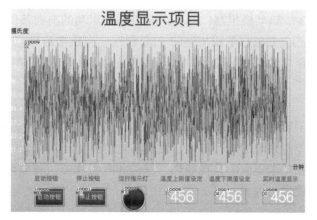

图 7-18　温度显示项目组态设计界面

（6）下载与仿真

在 GT Designe3 中完成画面的设计后，需要将其下载至硬件 GOT 触摸屏。有两种下载方式，一种是 GOT 直接，另一种是通过可编程控制器，如图 7-19 所示。GOT 直接是通过 USB 或以太网的形式直接将画面数据传至 GOT。如果是以太网，还需要设置 GOT IP 地址等参数。如果是通过可编程控制器，需要计算机通过以太网/USB/RS-232 将画面数据传至可编程控制器，然后通过可编程控制器由单一网络（MELSECNET/H、CC-Link IE 控制器、以太网等）传至 GOT。需要注意的是，GOT SIMPLE 系列不支持通过 PLC 进行通信。

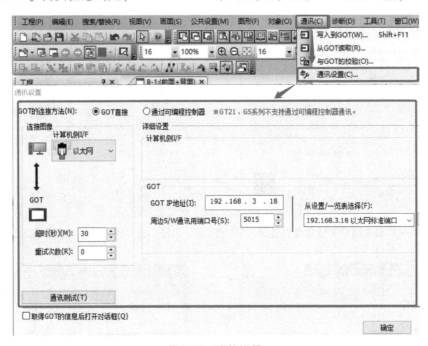

图 7-19   通信设置

GOT 与 PLC 通信在图 7-7 所示的"工程的新建向导"对话框已有设置，也可通过菜单栏中的"公共设置"→"连接机器设置"进行设置，如图 7-20 所示，此时需要提供 PLC 制造商、机种及 I/F。相关通信数据必须与实际的硬件一致，方可通信成功。

在没有硬件设备的情况下，在 GX Works3 中通过 GX Simulator3 可实现 PLC 程序的仿真。同样，三菱也提供了触摸屏的仿真模拟功能，通过 GT Simulator3 可以实现触摸屏的仿真模拟。可以在 GT Designer3 启动模拟器，即 GT Simulator3 启动的前提条件是要启动 GX Works3 的模拟器 GX Simulator3，并模拟下载相应的 PLC 程序。当成功启动 GT Simulator3 后，其界面就是 GT Designer3 正在编辑的触摸屏界面。用户在没有触摸屏硬件的条件下，该模拟器可以基本实现相应的动作。

3. 运行调试

PLC 程序和触摸屏程序都设计完成后，分别对其进行下载和重启，通过操作触摸屏中的启动按钮和停止按钮控制系统的运行与否，设置不同的温度上下限值，对实时温度进行比较后，观察系统是否根据要求正确工作在加热、保持和降温状态。观察温度显示曲线趋势图，能对曲线显示是否正确做出评价。

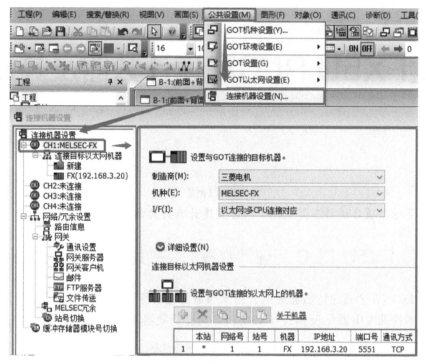

图 7-20　连接机器设置

 习题与思考题

7-1　通过 PLC 内部模拟量输入对液位传感器 4~20mA 的信号进行采集并转换为实际液位高度。

7-2　通过 PLC 内部模拟量输出对 0~10V 调光器进行控制。

133

第8章

三菱FX5U PLC高速计数器及其应用

本章导读

本章主要结合项目讲解三菱 FX5U PLC 高速计数器功能及其应用。

8.1 三菱 FX5U PLC 高速计数器的特殊继电器和特殊寄存器

FX5U PLC 有 6 个高速计数器通道，每个通道都有特殊继电器和特殊寄存器。FX5U PLC 高速计数器的特殊继电器见表 8-1，FX5U PLC 高速计数器的特殊寄存器见表 8-2。

表 8-1 高速计数器的特殊继电器（部分）

特殊继电器	功　能	动　作		默　认	读/写 R/W
		ON	OFF		
SM4500	高速计数器通道 1 动作中	动作中	停止中	OFF	R
SM4501	高速计数器通道 2 动作中				
SM4516	高速计数器通道 1 脉冲密度/转速测定中	测定中	停止中	OFF	R
SM4517	高速计数器通道 2 脉冲密度/转速测定中				
SM4532	高速计数器通道 1 溢出	发生	未发生	OFF	R/W
SM4533	高速计数器通道 2 溢出				
SM4548	高速计数器通道 1 下溢	发生	未发生	OFF	R/W
SM4549	高速计数器通道 2 下溢				
SM4564	高速计数器通道 1（1 相 2 输入、2 相 2 输入）计数方向监视	递减计数	递增计数	OFF	R
SM4565	高速计数器通道 2（1 相 2 输入、2 相 2 输入）计数方向监视				
SM4580	高速计数器通道 2（1 相 1 输入 S/W）计数方向切换	递减计数	递增计数	OFF	R/W
SM4581	高速计数器通道 2（1 相 1 输入 S/W）计数方向切换				
SM4596	高速计数器通道 1 预置输入逻辑	负逻辑	正逻辑	参数设置值	R/W
SM4597	高速计数器通道 2 预置输入逻辑				
SM4612	高速计数器通道 1 预置输入比较	有效	无效	参数设置值	R/W
SM4613	高速计数器通道 2 预置输入比较				

(续)

特殊继电器	功　能	动　作		默　认	读/写 R/W
		ON	OFF		
SM4628	高速计数器通道 1 使能输入逻辑	负逻辑	正逻辑	参数设置值	R/W
SM4629	高速计数器通道 2 使能输入逻辑				
SM4644	高速计数器通道 1 环长设置	有效	无效	参数设置值	R/W
SM4645	高速计数器通道 2 环长设置				

表 8-2　高速计数器的特殊寄存器（部分）

特殊寄存器	功　能	范　围	默　认	读/写 R/W
SD4500	高速计数器通道 1 当前值	−2147483648 ~ +2147483648	0	R/W
SD4501				
SD4502	高速计数器通道 1 最大值	−2147483648 ~ +2147483648	−2147483648	R/W
SD4503				
SD4504	高速计数器通道 1 最小值	−2147483648 ~ +2147483648	2147483648	R/W
SD4505				
SD4506	高速计数器通道 1 脉冲密度	0 ~ +2147483648	0	R/W
SD4507				
SD4508	高速计数器通道 1 转速	0 ~ +2147483648	0	R/W
SD4509				
SD4510	高速计数器通道 1 预置控制切换	0：上升沿 1：下降沿 2：双沿 3：ON 始终	参数设置值	R/W
SD4511	不可使用			
SD4512	高速计数器通道 1 预置值	−2147483648 ~ +2147483648	参数设置值	R/W
SD4513				
SD4514	高速计数器通道 1 环长	2 ~ +2147483648	参数设置值	R/W
SD4515				
SD4516	高速计数器通道 1 测定单位时间	1 ~ +2147483648	参数设置值	R/W
SD4517				
SD4518	高速计数器通道 1 每转的脉冲数	1 ~ +2147483648	参数设置值	R/W
SD4519				

8.2　高速输入/输出功能指令

　　高速输入/输出功能（HIOEN）指令格式如图 8-1 所示，在（s1）中指定要启用/停止的功能编号，在（s2）中指定所启用的通道的位，在（s3）中指定要停止的通道的位。（s1）中可以指定的功能编号见表 8-3。

HIOEN	(s1)	(s2)	(s3)

图 8-1　HIOEN 指令格式

135

表 8-3 （s1）中可以指定的功能编号

功能编号	功能名称
K0	高速计数器
K10	脉冲密度/转速测定
K20	高速比较表（CPU 模块）
K21	高速比较表（高速脉冲输入/输出模块第 1 台）
K22	高速比较表（高速脉冲输入/输出模块第 2 台）
K23	高速比较表（高速脉冲输入/输出模块第 3 台）
K24	高速比较表（高速脉冲输入/输出模块第 4 台）
K30	多点输出高速比较表
K40	脉冲宽度测定
K50	PWM

当功能码为 K0 时，对通道进行开始和停止。通道 1~通道 8 变为 CPU 模块，通道 9~通道 16 变为高速脉冲输入/输出模块。通道的位置见表 8-4。

表 8-4 通道的位置

位 置															
b15	b14	b13	b12	b11	b10	b9	b8	b7	b6	b5	b4	b3	b2	b1	b0
通道 16	通道 15	通道 14	通道 13	通道 12	通道 11	通道 10	通道 9	通道 8	通道 7	通道 6	通道 5	通道 4	通道 3	通道 2	通道 1

要启用通道 3 时，应在（s2）中设置 04H，要停止时，在（s3）中设置 04H，应用实例如图 8-2 所示。要启用通道 1、通道 4、通道 5 时，应在（s2）中设置 19H，要停止时，在（s3）中设置 19H。要启用通道 1、通道 4，停止通道 5 时，应在（s2）中设置 09H，在（s3）中设置 10H。

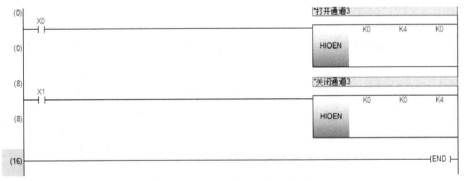

图 8-2 HIOEN 指令应用实例

8.3 32 位数据设置比较指令

32 位数据设置比较（DHSCS）指令是每次计数时比较高速计数器中计数的值与指定值，然后立即设置位软元件的指令。高速脉冲输入/输出模块不支持此指令。DHSCS 指令格式如

图 8-3 所示，（s2）中指定的通道的高速计数器当前值变为比较值（s1）时（如在比较值 K200 的情况下，199→200 及 201→200），无论扫描时间如何，位软元件（d）都将被设置为 ON。该指令在高速计数器的计数处理后进行比较处理。

图 8-3　DHSCS 指令格式

DHSCS 指令的应用实例如图 8-4 所示，当高速计数器通道 1 中的数值达到 D0、D1 中的数值时，M0 置位。

图 8-4　DHSCS 指令应用实例

8.4　32 位数据带宽比较指令

32 位数据带宽比较（DHSZ）指令用于高速计数器的当前值与两个值（带宽）进行比较，并输出比较结果。高速脉冲输入/输出模块不支持此指令。DHSZ 指令格式如图 8-5 所示，将（s3）中指定的高速计数器当前值与两个比较值（比较值 1、比较值

图 8-5　DHSZ 指令格式

2）进行带宽比较，无论扫描时间如何，（d）、（d）+1、（d）+2 中的一项都将根据比较结果（下、区域内、上）变为 ON。

DHSZ 指令的应用实例如图 8-6 所示。当高速计数器通道 1 中的数值<K1000 时，Y0 置位；当高速计数器通道 1 中的数值≤K2000，且高速计数器通道 1 中的数值≥K1000 时，Y1 置位；当高速计数器通道 1 中的数值>K2000 时，Y2 置位。

图 8-6　DHSZ 指令应用实例

8.5　32 位数据高速当前值传送指令

32 位数据高速当前值传送（DHCMOV）指令是以高速计数器/脉冲宽度测定/PWM/定位用特殊寄存器为对象，进行读取或写入（更新）操作时使用的指令。DHCMOV 指令格式如图 8-7 所示，将（s）中指定的软元件值传送至（d）中指定的软元件。此时，如果（n）的值为 K0，则保留（s）的值；如果（n）的值为 K1，则传送后将（s）的值清零。

137

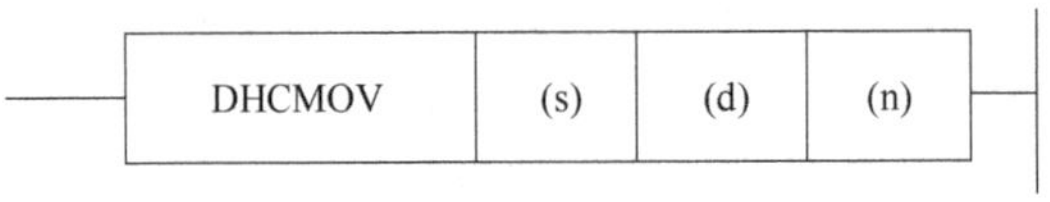

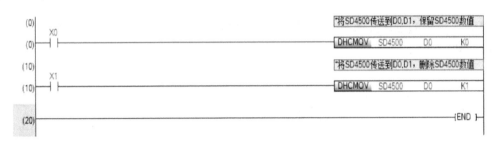

图 8-7 DHCMOV 指令格式

DHCMOV 指令的应用实例如图 8-8 所示，将高速计数器通道 1 中的数值 SD4500 传送到 D0、D1 中。

图 8-8 DHCMOV 指令应用实例

8.6 三菱 FX5U PLC 高速计数器的应用

高速计数器典型的应用是测量距离和转速，下面分别用实例介绍其用法。

8.6.1 测量距离

用光电编码器测量长度（位移），光电编码器为 500 线，电动机与编码器同轴相连，电动机每转一圈，滑台移动 10mm，要求在 HMI 上实时显示位移数值（含正负）。其接线图如图 8-9 所示。

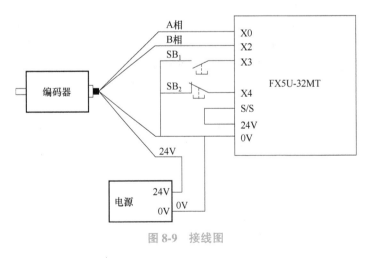

图 8-9 接线图

1. 软硬件配置

1）1 套 GX Works3；

2）1 台 FX5U-32MT；

3）1 台光电编码器（500 线）。

2. 配置参数

配置参数至关重要，以前 FX 系列 PLC 并无此步骤，初学者容易忽略。

在图 8-10 的导航窗口中，单击"参数"→"FX5UCPU"→"模块参数"→"高速 I/O"→"输入功能"→"高速计数器"→"详细设置"，弹出基本设置界面如图 8-11 所示，选择高速计数器运行模式为"普通模式"，脉冲输入模式为"2 相 1 倍频"（A/B 模式），这种模式可以显示位移的方向。

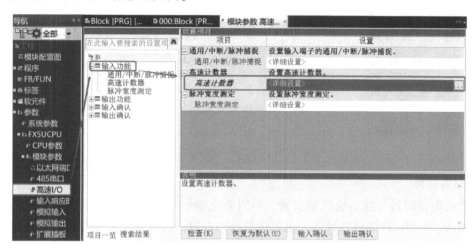

图 8-10　打开高速计数器设置界面

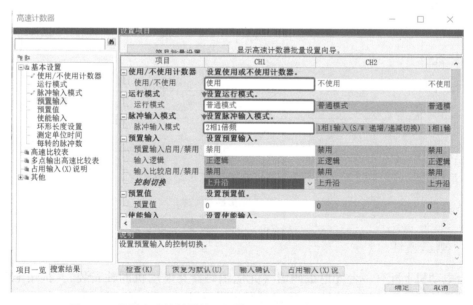

图 8-11　设置高速计数器的运行模式和脉冲输入模式（测量距离）

输入端子的输入响应时间默认是 10ms，作为高速计数器使用时，这个响应时间需要修改，否则采集高速脉冲时容易丢失脉冲。在导航窗口中，单击"参数"→"FX5UCPU"→"模块参数"→"输入响应时间"，弹出输入响应时间界面如图 8-12 所示。

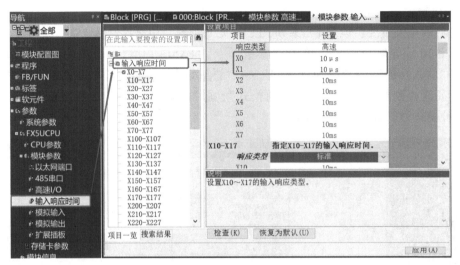

图 8-12　修改输入响应时间

3. 编写程序

由于光电编码器与电动机同轴安装，所以光电编码器的旋转圈数就是电动机转动的圈数。采用 A、B 相计数既可以计数，也包含位移的方向，所以每个脉冲对应的距离为

$$\frac{100D0}{500} = \frac{D0}{50}(mm)$$

测量距离程序如图 8-13 所示。

140

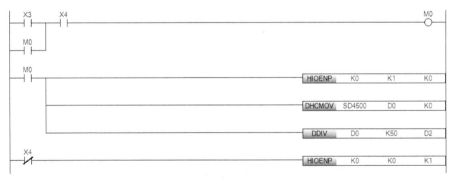

图 8-13　测量距离程序

8.6.2　测量转速

一台电动机上配有一台光电编码器（光电编码器与电动机同轴安装），试用 FX5UPLC 测量电动机的转速（正反向旋转），要求编写梯形图程序。其接线图如图 8-9 所示。

1. 软硬件配置

1）1 套 GX Works3；

2）1 台 FX5U-32MT；

3）1 台光电编码器（500 线）。

2. 配置参数

在图 8-10 的导航窗口中，单击"参数"→"FX5UCPU"→"模块参数"→"高速

I/O"→"输入功能"→"高速计数器"→"详细设置",弹出基本设置界面如图 8-14 所示,选择高速计数器运行模式为"旋转速度测定模式",脉冲输入模式为"2 相 1 倍频"(A/B 模式),这种模式即可测量转速。

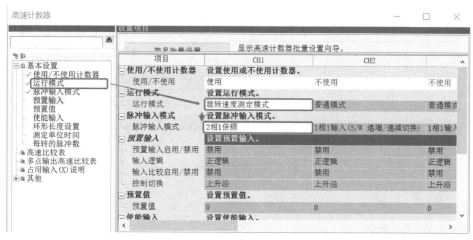

图 8-14　设置高速计数器的运行模式和脉冲输入模式(测量转速)

如图 8-15 所示,在本例中,每转的脉冲数就是编码器的线数,此处选择 500,测量时间实际就是测量脉冲的时间间隔。

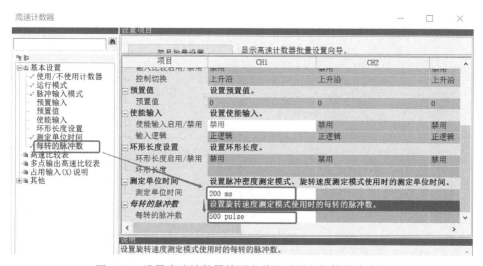

图 8-15　设置高速计数器的测定单位时间和每转的脉冲数

141

输入端子的输入响应时间默认是 10ms,作为高速计数器使用时,这个响应时间需要修改,否则采集高速脉冲时容易丢失脉冲。在导航窗口中,单击"参数"→"FX5UCPU"→"模块参数"→"输入响应时间",弹出输入响应时间界面如图 8-12 所示。

3. 编写程序

由于光电编码器与电动机同轴安装,所以光电编码器的转速就是电动机的转速。梯形图程序如图 8-16 所示。

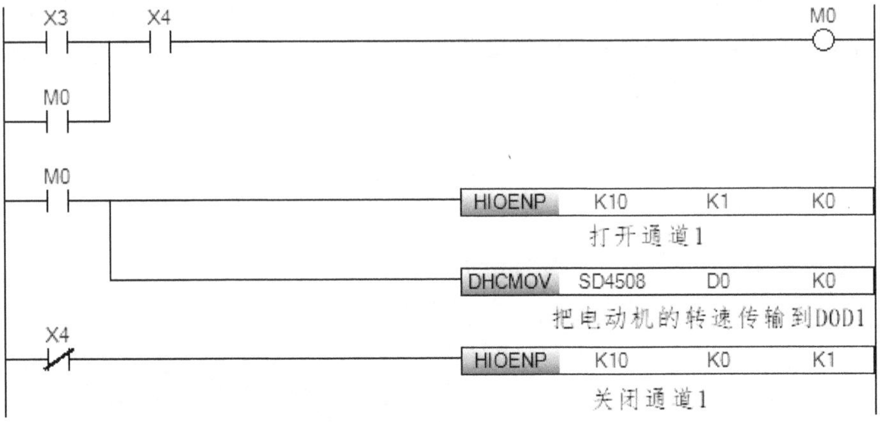

```
    X3      X4                                                          M0
    ├┤├─────┤├──────────────────────────────────────────────────────○
    M0
    ├┤├─┤

    M0
    ├┤├─────────────────────┤ HIOENP   K10      K1       K0 ├
                                        打开通道1

                            ┤ DHCMOV  SD4508    D0       K0 ├
                                    把电动机的转速传输到D0D1
    X4
    ├┤/├────────────────────┤ HIOENP   K10      K0       K1 ├
                                        关闭通道1
```

图 8-16　测量转速程序

 习题与思考题

8-1　通过 PLC 对光电开关进行计数，光电开关的频率为 1kHz。

8-2　通过 PLC 对旋转编码器进行计数，电动机转速为 1200r/min，编码器每转脉冲数为 10000。

第9章

三菱FX5U PLC过程控制及其应用

本章导读

本章主要结合项目讲解三菱 FX5U PLC 过程控制原理，并举例说明 PID 指令在电炉温度闭环控制系统中的应用。

9.1 PID 控制原理简介

在过程控制中，按偏差的比例（P）、积分（I）和微分（D）进行控制的 PID 控制器（也称 PID 调节器）是应用广泛的一种自动控制器。它具有原理简单、易于实现、适用面广、控制参数相互独立、参数选定比较简单、调整方便等优点，而且在理论上可以证明，对于过程控制的典型对象——"一阶惯性环节+纯滞后"与"二阶惯性环节+纯滞后"，PID 控制是一种最优控制。PID 调节规律是连续系统动态品质校正的一种有效方法，它的参数整定方式简便，结构改变灵活（如可为 PI 调节、PD 调节等）。长期以来，PID 控制器被广大科技人员及现场操作人员所采用，并积累了大量的经验。

PID 控制就是根据系统的误差，利用比例、积分、微分计算出控制量来进行控制。当被控对象的结构和参数不能完全掌握或得不到精确的数学模型时，以及控制理论的其他技术难以采用时，系统控制器的结构和参数必须依靠经验和现场调试来确定，这时应用 PID 控制技术最为方便。即当不完全了解一个系统和被控对象或不能通过有效的测量手段来获得系统参数时，最适合采用 PID 控制技术。

1. 比例（P）控制

比例控制是一种简单、常用的控制方式，如放大器、减速器和弹簧等比例控制器能立即成比例地响应输入的变化量。但仅有比例控制时，系统输出会存在稳态误差。

2. 积分（I）控制

在积分控制中，控制器的输出量是输入量对时间的积累。如果一个自动控制系统在进入稳态后存在稳态误差，则认为这个控制系统是有稳态误差的，简称有差系统。为了消除稳态误差，在控制器中必须引入"积分项"。积分项对误差的运算取决于时间的积分，随着时间的增加，积分项会增大。所以即便误差很小，积分项也会随着时间的增加而加大，它推动控制器的输出增大，使稳态误差进一步减小，直到等于零。因此，采用比例+积分（PI）控制器可以使系统在进入稳态后无稳态误差。

3. 微分（D）控制

在微分控制中，控制器的输出与输入误差信号的微分（即误差的变化率）成正比关系。自动控制系统在克服误差的调节过程中可能会出现振荡甚至失稳，其原因是存在较大的惯性组件（环节）或滞后组件，具有抑制误差的作用，其变化总是落后于误差的变化。解决的办法是使抑制误差的作用的变化"超前"，即在误差接近零时，抑制误差的作用就应该是零。这就是说，在控制器中仅引入"比例项"往往是不够的，比例项的作用仅是放大误差的幅值，因而需要增加"微分项"预测误差变化的趋势，这样具有比例+微分的控制器就能够提前使抑制误差的控制作用等于零，甚至为负值，从而避免被控量的严重超调。所以对有较大惯性或滞后的被控对象，比例+微分（PD）控制器能改善系统在调节过程中的动态特性。

4. 闭环控制系统特点

控制系统一般包括开环控制系统和闭环控制系统。开环控制系统被控对象的输出（被控制量）对控制器的输出没有影响。在这种控制系统中，不依赖将被控制量返送回来以形成任何闭环回路。闭环控制系统的特点是，系统被控对象的输出（被控制量）会返送回来影响控制器的输出，形成一个或多个闭环。闭环控制系统有正反馈和负反馈之分：若反馈信号与系统给定值信号极性相反，则称为负反馈；若极性相同，则称为正反馈。一般闭环控制系统均采用负反馈，又称负反馈控制系统。可见，闭环控制系统性能远优于开环控制系统。

5. PID 控制器的主要优点

PID 控制器已成为应用最广泛的控制器，它具有以下优点：

1）PID 算法蕴涵了动态控制过程中过去、现在、将来的主要信息，而且其配置几乎最优。其中，比例（P）代表了当前的信息，起纠正偏差的作用，使过程反应迅速；微分（D）在信号变化时有超前控制作用，代表将来的信息；在过程开始时强迫过程进行，过程结束时减小超调，克服振荡，提高系统的稳定性，加快系统的过渡过程；积分（I）代表了过去积累的信息，它能消除静差，改善系统的静态特性。此三种作用配合得当，可使动态过程快速、平稳、准确，得到良好的效果。

2）PID 控制适应性好，有较强的鲁棒性，在各种工业场合，都可在不同的程度上有所应用，特别适用于"一阶惯性环节+纯滞后"和"二阶惯性环节+纯滞后"的过程控制对象。

3）PID 算法简单明了，各个控制参数相对较为独立，参数的选定较为简单，形成了完整的设计和参数调整方法，很容易为工程技术人员所掌握。

4）PID 控制根据不同的要求，针对自身的缺陷进行了不少改进，形成了一系列改进的PID 算法。例如，为克服微分带来的高频干扰的滤波 PID 控制，为克服大偏差时出现饱和超调的 PID 积分分离控制，为补偿控制对象非线性因素的可变增益 PID 控制等。这些改进算法在一些应用场合取得了很好的效果，同时随着当今智能控制理论的发展，又形成了许多智能 PID 控制方法。

9.2　PID 算法概述

1. PID 算法公式

PID 控制系统原理如图 9-1 所示。

PID 控制器调节输出，保证偏差（e）为零，使系统达到稳定状态。偏差是给定值（SP）和过程变量（PV）的差。PID 控制的原理基于公式：

$$M(t) = K_C e + K_C \int_0^1 e \mathrm{d}t + M_{\text{initial}} + K_C \frac{\mathrm{d}e}{\mathrm{d}t} \tag{9-1}$$

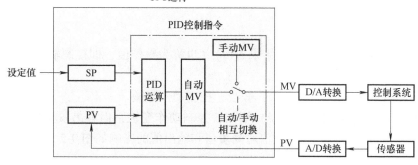

SP：给定值（设定值）
PV：过程变量（测量值）
MV：PID运算结果（操作值）

图 9-1　PID 控制系统原理

式中，$M(t)$ 是 PID 回路的输出；K_C 是 PID 回路的增益；e 是 PID 回路的偏差（给定值与过程变量的差）；$M_{initial}$ 是 PID 回路输出的初始值。

由于式（9-1）中的变量是连续量，必须将连续量离散化才能在计算机中运算，离散处理后的算式如下：

$$M_n = K_C e_n + K_I \sum_{1}^{n} e_x + M_{initial} + K_D(e_n - e_{n-1}) \tag{9-2}$$

式中，M_n 是在采样时刻 n，PID 回路输出的计算值；K_I 是积分项的比例常数；K_D 是微分项的比例常数；e_n 是采样时刻 n 的回路偏差值；e_{n-1} 是采样时刻 n-1 的回路偏差值；e_x 是采样时刻 x 的回路偏差值。

再对式（9-2）进行改进和简化，得出

$$M_n = MP_n + MI_n + MD_n \tag{9-3}$$

式中，MP_n 是第 n 次采样时刻的比例项的值；MI_n 是第 n 次采样时刻的积分项的值；MD_n 是第 n 次采样时刻的微分项的值。其中：

$$MP_n = K_C(SP_n - PV_n) \tag{9-4}$$

式中，SP_n 是第 n 次采样时刻的给定值；PV_n 是第 n 次采样时刻的过程变量值。很明显，比例项 MP_n 数值的大小和增益 K_C 成正比，增益 K_C 增加可以直接导致比例项 MP_n 的快速增加，从而导致 M_n 增加。

$$MI_n = K_C T_S / T_I (SP_n - PV_n) + MX \tag{9-5}$$

式中，T_S 是回路的采样时间；T_I 是积分时间；MX 是第 n-1 时刻的积分项（也称为积分前项）。很明显，积分项 MI_n 数值的大小随着积分时间 T_I 的减小而增加，T_I 的减小可以直接导致积分项 MI_n 的增加，从而导致 M_n 增加。

$$MD_n = K_C(PV_{n-1} - PV_n) T_D / T_S \tag{9-6}$$

式中，T_D 是微分时间；PV_{n-1} 是第 n-1 次采样时刻的过程变量值。很明显，微分项 MD_n 数值的大小随着微分时间 T_D 的增加而增加，T_D 的增加可以直接导致微分项 MD_n 的增加，从而导致 M_n 增加。

增益 K_C 增加可以直接导致比例项 MP_n 的快速增加，积分时间 T_I 减小可以直接导致积分项 MI_n 的增加，微分时间 T_D 增加可以直接导致微分项 MD_n 的增加，从而导致 M_n 增加。

理解这一点，对于正确调节 P、I、D 三个参数是至关重要的。

2. PID 算法解读

（1）比例增益动作

1）在比例环节中，PID 的运算结果 $M(t)$（也称为操作值，即控制输出值，MV 值）与偏差成正比（设定值与测量值的差）。

2）当比例增益 K_P 减小时，$M(t)$ 减小，控制动作变慢。

3）当比例增益 K_P 增加时，$M(t)$ 增加，控制动作变快，但容易发生振荡。K_P 在参数调整时，效果最为显著，不同 K_P 数值对测量值和输出值的影响如图 9-2 所示。

（2）积分动作

1）积分动作是指，存在偏差时，连续地变化 PID 的运算结果 $M(t)$（操作值）以消除偏差的动作。该动作可消除比例动作中产生的偏差。

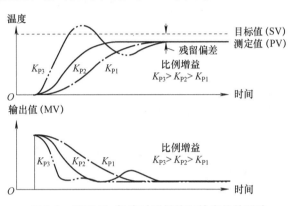

2）偏差产生后，积分动作的 $M(t)$ 达到比例动作的 $M(t)$ 所需的时间称为积分时间。积分时间以 T_I 表示。

3）积分时间 T_I 减少，积分效果增大且消除偏差所用时间变短，但是易发生振荡；积分时间 T_I 增加，积分效果减小，消除偏差所用时间变长。

图 9-2　不同 K_P 数值对测量值和输出值的影响

4）积分动作常与比例动作组合使用（PI 动作）或与比例及微分动作组合使用（PID 动作），积分动作不能独立使用。不同 T_I 数值对测量值和输出值的影响如图 9-3 所示。

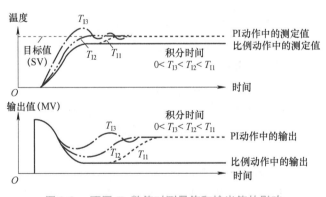

图 9-3　不同 T_I 数值对测量值和输出值的影响

（3）微分动作

1）微分动作是指，产生偏差时，将与偏差随时间的变化率成比例的 $M(t)$（操作值）施加到偏差中以消除偏差的动作。本动作可防止由外部干扰等导致控制目标发生大的波动。

2）偏差产生后，微分动作的 $M(t)$ 达到比例动作的 $M(t)$ 所需的时间称为微分时间。微分时间以 T_D 表示。

3）当微分时间 T_D 变短时，微分效果减小；当微分时间 T_D 变长时，微分效果增加，但容易产生短周期振荡。

4）微分动作常与比例动作组合使用（PD 动作）或与比例及积分动作组合使用（PID 动作），微分动作不能独立使用。不同 T_D 数值对测量值和输出值的影响如图 9-4 所示。

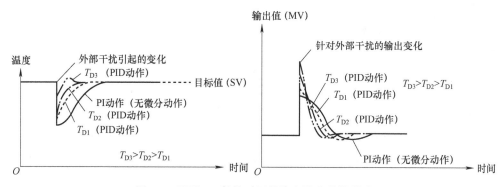

图 9-4　不同 T_D 数值对测量值和输出值的影响

9.3　三菱 FX5U PLC 对电炉进行温度控制

举例说明 PID 指令在电炉温度闭环控制系统中的应用。电炉温度闭环控制系统接线图如图 9-5 所示。FX5U-32MR 是主控单元，要保证电炉的温度在 40°C，温度传感器的范围是 0~100°C，变送器的范围是 0~20mA。FX5U-32MR 输出驱动电加热器给温度槽加热，由热电偶检测温度槽的温度模拟信号，经由模拟量模块 A/D 转换后，PLC 执行程序，调节温度槽的温度保持在 40°C。图 9-5 中的 FX5-4AD-ADP 模块与基本单元直接相连，槽位是 1，它有 4 个通道，程序选择 1 通道作为热电偶的模拟量采样，其他通道不用。

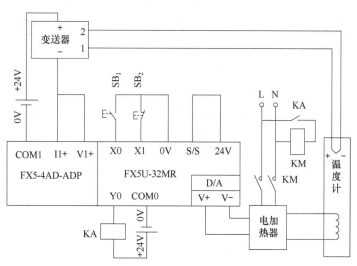

图 9-5　电炉温度闭环控制系统接线图

147

1. 软硬件配置
1）1 套 GX Works3；
2）1 台 FX5U-32MR；
3）1 台 FX5-4AD-ADP；

4）1 根编程电缆；

5）1 台电炉。

2. PID 指令简介

PID 运算指令（PID）参数见表 9-1。

表 9-1　PID 运算指令（PID）参数

指令名称	[S1·]	[S2·]	[S3·]	[D·]
PID 运算	D 目标值 SV	D 测定值 PV	D0~D975 参数	D 输出值 MV

PID 运算指令（PID）的使用方法如图 9-6 所示，当 X1 闭合时，指令在达到采样时间后的扫描时进行 PID 运算。

图 9-6　PID 运算指令

[S1·] 是设定目标值（SV），[S2·] 是测定现在值（PV），[S3·] ~ [S3·] +6 是设定控制参数，执行完程序后，运算输出结果（MV）存放在 [D·] 中。[S3·] 中参数的含义见表 9-2。

表 9-2　[S3·] 中参数的含义

设定项目			设定内容	备　注
S3	采样时间（T_S）		1~32767（ms）	比运算周期短的值无法执行
S3+1	动作设定 （ACT）	bit0	0：正动作 1：逆动作	
		bit1	0：无输入变化量报警 1：输入变化量报警有效	
		bit2	0：无输入变化量报警 1：输入变化量报警有效	bit2 和 bit5 请勿同时置 ON
		bit3	不可以使用	
		bit4	0：自整定不动作 1：执行自整定	
		bit5	0：无输出值上下限设定 1：输出值上下限设定有效	
		bit6	0：阶跃响应法 1：极限循环法	选择自整定的模式
		bit7 ~ bit15	不可以使用	
S3+2	输入滤波常数 α		0~99（%）	0 时表示无输入滤波
S3+3	比例增益 K_P		1~32767（%）	

（续）

设定项目		设定内容	备　注
S3+4	积分时间 T_I	1~32767（×100ms）	0 时作为 ∞ 处理
S3+5	微分增益 K_D	1~100（%）	0 时无微分增益
S3+6	微分时间 T_D	1~32767（×10ms）	0 时无微分
S3+7 ~ S3+19	被 PID 运算的内部处理占用，不要更改数据		
S3+20	输入变化量（增加侧）报警设定值	0~32767	动作方向：S3+1 bit1 = 1 时有效
S3+21	输入变化量（减少侧）报警设定值	0~32767	动作方向：S3+1 bit2 = 1 时有效
S3+22	输出变化量（增加侧）报警设定值	0~32767	动作方向：S3+1 bit1 = 1，bit5 = 0 时有效
	输出上限的设定值	-32768~32767	动作方向：S3+1 bit1 = 0，bit5 = 1 时有效
S3+23	输出变化量（减少侧）报警设定值	0~32767	动作方向：S3+1 bit2 = 1，bit5 = 0 时有效
	输出下限的设定值	-32768~32767	动作方向：S3+1 bit2 = 0，bit5 = 1 时有效
S3+24	报警输出	bit0	0：输入变化量（增加侧）未溢出 1：输入变化量（增加侧）溢出
		bit1	0：输入变化量（减少侧）未溢出 1：输入变化量（减少侧）溢出
		bit2	0：输出变化量（增加侧）未溢出 1：输出变化量（增加侧）溢出
		bit3	0：输出变化量（减少侧）未溢出 1：输出变化量（减少侧）溢出

3. 程序编写

PID 参数的设定见表 9-3。

表 9-3　PID 参数的设定

PID 控制设定内容		自动调节参数	PID 控制参数
目标值（SV）[S1·]		4000（40℃）	4000（40℃）
参数设定	采样时间（T_S）　[S3·]	300ms	500ms
	输入滤波（α）　[S3·]+2	70%	70%
	微分增益（K_D）　[S3·]+5	0	0
	输出上限　[S3·]+22	4000	4000
	输出下限　[S3·]+23	0	0

（续）

PID 控制设定内容			自动调节参数	PID 控制参数
参数设定	动作方向/（ACT）	输入变化量报警 [S3·] +1bit1	有效	有效
		输出变化量报警 [S3·] +1bit2	有效	有效
		输出值上下限设定 [S3·] +1bit5	有	有
输出（MV）		[D·]	180ms	根据运算

　　自动调节 PID 控制的梯形图程序如图 9-7 所示，在程序中，X0＝ON，X1＝OFF，先执行自动调节，然后进行 PID 运算（实际是 PI 运算）。

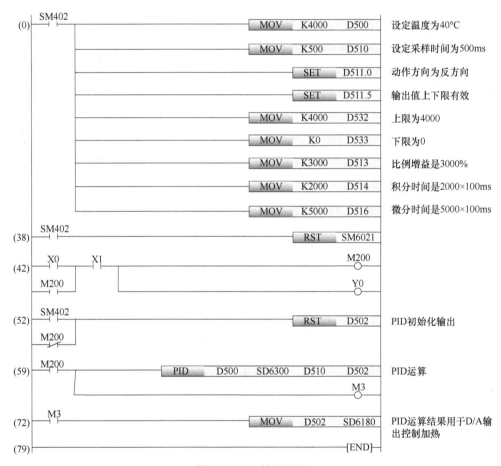

图 9-7　PID 控制程序

150

 习题与思考题

9-1　通过 PLC 进行恒压供水。

9-2　通过 PLC 的 PID 进行恒水温控制。

第 10 章

三菱FX5U PLC运动控制及其应用

本章导读

本章要求了解步进电动机、交流伺服电动机和直流电动机的基本概念及工作原理，理解这几种电动机的调速原理，掌握脉冲输出指令、脉宽调制指令的应用，掌握步进驱动器和交流伺服驱动器的基本使用方法，并能够熟练编制程序，实现对这几种电动机的调速控制。

10.1 步进电动机控制

10.1.1 步进电动机的基本概念

步进电动机又叫脉冲电动机，是控制系统中的一种执行元件，它是工业过程控制及仪表中的主要控制元件之一，能够将控制脉冲信号变换成角位移或直线位移。步进电动机接收到一个脉冲电信号，就转动一个角度或前进一步，因此只要控制输入脉冲的个数，便可控制步进电动机前进的位移，从而实现精确定位，同时也可以通过脉冲频率来控制电动机转动的速度和加速度，从而达到调速的目的。步进电动机的角位移与控制脉冲间精确同步，若将角位移的改变转变为线性位移、位置、体积、流量等物理量的变化，便可实现对它们的控制。例如，在机械结构中，可以用丝杠把步进电动机的旋转角度变成直线位移，也可以用它带动螺旋定位器，调节电压和电流，实现对执行机构的控制。

步进电动机实际上是一个数字/角度转换器，输入一个电脉冲，电动机转动一个固定的角度，称为"一步"，这个固定的角度称为步距角。由于步进电动机的运动状态是步进式的，故称为"步进电动机"。步进电动机主要用于开环控制系统，也可用于闭环控制系统。

1. 步进电动机的特点

1）步进电动机输出轴的角位移与输入脉冲数成正比，转速与脉冲频率成正比，转向与通电相序有关。当它转一周后，没有累积误差，具有良好的跟随性。

2）由步进电动机与驱动电路组成的开环数控系统，既简单、廉价，又可靠。同时，它也可以与角度反馈环节组成高性能的闭环数控系统。

3）步进电动机的动态响应快，易于起停、正反转及变速。

4）步进电动机存在振荡和失步现象，必须对控制系统和机械负载采取相应的措施。

5）步进电动机自身的噪声和振动较大，带惯性负载的能力较差。控制输入脉冲数量、频率及电动机各相绕组的通电顺序，可得到各种需要的运行特性。

2. 步进电动机的常用术语

1）相数：电动机定子上有磁极，磁极对数称为相数。有 6 个磁极，则为三相，称该电动机为三相步进电动机；10 个磁极为五相，称该电动机为五相步进电动机。

2）拍数：电动机定子绕组每改变一次通电方式称为一拍。

3）步距角：转子经过一拍转过的空间角度。

4）齿距角：转子上齿距在空间的角度。

5）细分：电动机运行时的实际步距角。如驱动器的细分为 10 时，其步距角为电动机固有步距角的 1/10，通过细分可以改善步进电动机的控制精度。

6）保持转矩：步进电动机通电但没有转动时，定子锁住转子的转矩。

10.1.2 步进电动机的基本工作原理

步进电动机的工作原理基于电磁感应原理。步进电动机和工频旋转电动机一样，分为定子和转子两大部分。定子由硅钢片叠成，装上一定相数的控制绕组，输入电脉冲对多相定子绕组轮流进行励磁。转子用硅钢片叠成或用软磁性材料做成凸极结构，转子本身没有励磁绕组的称为"反应式"步进电动机，用永久磁铁做转子的称为"永磁式"步进电动机，目前以反应式步进电动机用得较多。

下面以三相反应式步进电动机为例，来说明其工作原理。图 10-1 所示为一台三相反应式步进电动机的工作原理图，它的定子有 6 个磁极，构成"三相"，转子有 4 个均匀分布的齿，上面没有绕组。步进电动机的工作原理近似于电磁铁的工作原理，当 A 相绕组通电时，B 相、C 相都不通电，利用磁通总是沿着磁阻最小的路径通过的特点，将使转子齿 1、3 的轴线向定子 A 极的轴线对齐，即在电磁吸力作用下，将转子 1、3 齿吸引到 A 极下。此时，因转子只受到径向力而无切向力，故转矩为零，转子被自锁在这个位置，如图 10-1a 所示。A 相断电，B 相控制绕组通电时，则转子将在空间转过 30°，使转子齿 2、4 与 B 相定子齿对齐，如图 10-1b 所示。再使 B 相断电，C 相通电，转子又将在空间转过 30°，使转子齿 1、3 与 C 相定子齿对齐，如图 10-1c 所示。可见，通电顺序为 A→B→C→A 时，电动机的转子便一步一步按逆时针方向转动，每步转过的角度均为 30°，步进电动机每步转过的角度称为步距角。电流换接 3 次，磁场旋转一周。若按 A→C→B→A 的顺序通电，则步进电动机就反向转动。因此改变通电顺序，就可改变步进电动机的旋转方向。

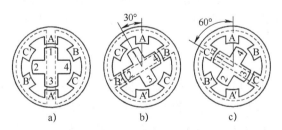

图 10-1 三相反应式步进电动机的工作原理图

10.1.3 三菱 FX5U PLC 的步进电动机控制

本节实例中的步进电动机采用两相混合式步进电动机，其内部结构为上下是两个磁铁，中间是线圈。线圈通了直流电以后，就成了电磁铁，上下的磁铁被吸引后就产生了偏转，因为中间连接电磁铁的两根线不是直接连接的，而是在转轴的位置用一个滑动的接触片，这样如果电磁铁转过了头，原先连接电磁铁的两根线刚好相反，则电磁铁的 N 极 S 极就和以前相反，但是电动机上下的磁铁是不变的，又可以继续吸引中间的电磁铁，电磁铁续转，由于惯性过了头，所以电动机中的电磁铁 N 极 S 极和以前又相反了，重复上述过程就使步进电动机转动。根据这个原理，两相混合式步进电动机的正转步骤为：①实现电流方向 A→$\overline{A}$；②实现电流方向 B→$\overline{B}$；③实现电流方向 A→$\overline{A}$；④实现电流方向 $\overline{B}$→B。如果是反转，则按照④、③、②、①的顺序控制。

在实际应用中，一般在步进电动机的前端加一个步进驱动器来实现对步进电动机的驱动和控制，目的在于把控制系统发出的脉冲信号加以放大，以能够带动负载工作。下面以 KINCO M2E50 型步进驱动器对两相双极型步进电动机的应用为例，介绍步进驱动器对步进电动机的驱动和控制。该驱动器采用双极型恒流驱动方式，最大驱动电流可达 3.5A，采用专用驱动控制芯片，对于电动机的驱动输出相电流可通过 DIP 开关调整，以配合不同规格的电动机。驱动器的 DIP1～DIP4 可设置细分数，即步进电动机每转一圈所需的脉冲个数，细分数越大，步进电动机的控制精度越高，本例中细分数设置为 4000。将驱动器四个输出端 A+、A-、B+、B-分别和步进电动机的红、蓝、绿、黑线相连接，PLC 的 Y0 端和驱动器的 PLS-端相连接（作为驱动器的脉冲输入信号），PLC 的 Y4 端与驱动器的 DIR-端相连接（用于控制步进电动机的转动方向），DIR+端和 PLS+端共同连接到 5V 电源的正极，PLC 的 COM0 端和 COM1 端共同连接到 5V 电源的负极，如图 10-2 所示。

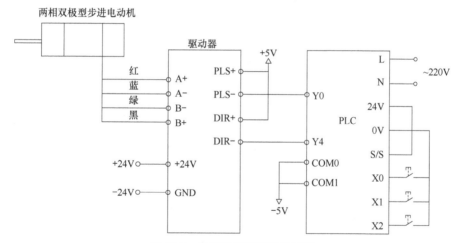

图 10-2 步进驱动器接线示意图

高速 I/O 输出定位参数设置如图 10-3 所示，参考程序如图 10-4 所示。程序中，X0 为正向控制按钮，X1 为反向控制按钮，X2 为停止按钮。三菱 FX5U 系列 PLC 中的脉冲输出指令为 [PLSY S1 S2 D]，其中 S1 为输出脉冲的频率，S2 为发出的脉冲个数，D 为脉冲信号输出的目标地址操作数。本例程序中的脉冲输出程序段 [PLSY K4000 K12000 Y0]，即输出脉冲的频率为每秒 4000 个，总共输出 12000 个脉冲，由于细分数设置为 4000（即 4000 个脉冲电动机旋转 1 圈），因此步进电动机转动 3 圈。脉冲信号从 PLC 的 Y0 端输出，Y4 用于控制步进电动机的转动方向。如果想改变步进电动机转动的圈数，只需改变 PLSY 指令中 S2 的值，即将 K12000 设置为其他值；如果想改变步进电动机转动的速度，只需改变 PLSY 指令中 S1 的值，即将 K4000 设置为其他值。

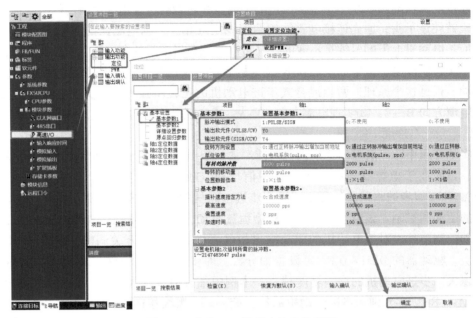

图 10-3　高速 I/O 输出定位参数设置

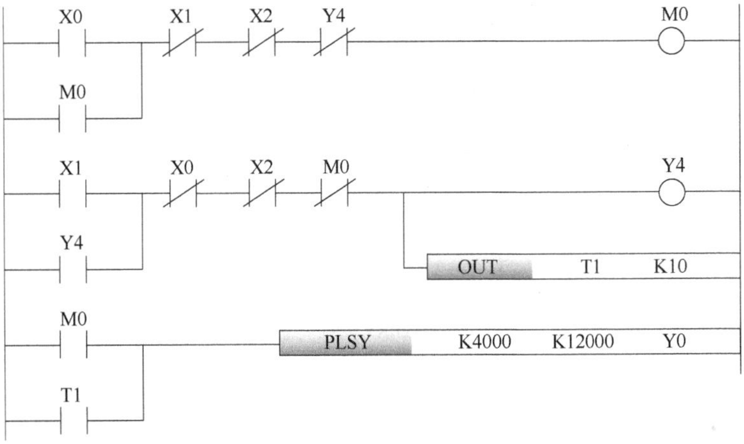

图 10-4　步进电动机控制参考程序

10.2　伺服电动机控制

伺服系统在工程中应用广泛，三菱电机是较早研究和生产交流伺服电动机的企业之一，三菱公司早在 20 世纪 70 年代就开始研发和生产变频器，积累了较为丰富的经验，是目前少数能生产稳定可靠 15kW 以上伺服系统的厂家。

三菱公司的伺服系统是日系产品的典型代表，它具有可靠性好、转速高、容量大、相对容易使用的特点。而且，三菱公司还是生产 PLC 的著名厂家，因此其伺服系统与 PLC 产品能较好地兼容，在专用加工设备、自动生产线、印刷机械、纺织机械和包装机械等行业得到了广泛的应用。

目前，三菱公司常用的通用伺服系统有 MR-J2S 系列、MR-J3 系列、MR-J4 系列、MR-JE 系列和小功率经济性的 MR-ES 系列等产品。MR-J3 系列伺服驱动系统是替代 MR-J2S 系列的产品，可以用于三菱直线电动机的速度、位置和转矩控制，其最大功率目前已达到 55kW。MR-JE 系列是以 MR-J4 系列伺服系统为基础，保留 MR-J4 系列的高性能，限制了其部分功能的交流伺服系统，用于速度、位置和转矩控制。MR-ES 系列伺服驱动器是用于 2kW 以下的经济型产品，其性价比较高，可以替代 MR-E 系列，用于速度、位置和转矩控制。

10.2.1　交流伺服电动机的基本概念

伺服电动机是一种用电脉冲信号进行控制，并将脉冲信号转变成相应角位移或直线位移和角速度的执行元件，故又称执行电动机。它是控制电动机的一种，可以通过检测装置（编码器）时刻监督其是否按照所输入的指令移动。伺服电动机的转子惯量较小，可满足急加速、急减速、急停等要求，并且具备更精密的位置及速度控制功能。构成伺服机构的元件叫作伺服元件，由驱动放大器（AC 放大器）、驱动电动机（AC 伺服驱动电动机）和检测器组成，伺服系统结构如图 10-5 所示。

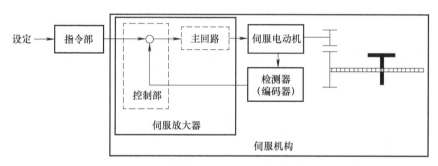

图 10-5　伺服系统结构示意图

1. 伺服电动机的分类

伺服控制电动机是电气伺服控制系统的动力部件，由于可工作在很宽的速度和负载范围内，并可进行连续精确的控制，因而在各种机电传动控制系统中得到广泛应用。在自动控制系统中，使输出量能够自动、快速、准确地跟随输入量的变化而变化的系统称为伺服系统，也叫随动系统或自动跟踪系统。伺服系统的机械参数主要包括位移、角度、转矩、速度和加速度。按照使用的驱动元件分类，伺服系统主要分为直流（DC）伺服电动机和交流（AC）伺服电动机。

1）直流（DC）伺服电动机的特点是线圈会旋转，定子为永久磁铁，有电刷及换向器。其驱动器设计较为容易，但是须定期保养，使用寿命较短，噪声较大，响应较慢，起动转矩为额定转矩。

2）交流（AC）伺服电动机的特点是定子为线圈，转子为永久磁铁，无电刷及换向器。其驱动器设计较为复杂，但是无须定期保养，使用寿命长，噪声小，响应快，起动转矩为 3 倍的额定转矩。

2. 伺服系统的作用

1）按照定位指令装置输出的脉冲串，对工件进行定位控制。

2）伺服电动机锁定功能。当偏差计数器的输出为零时，如果有外力使伺服电动机转

155

动，由编码器将反馈脉冲输入偏差计数器，偏差计数器发出速度指令，旋转修正电动机使之停止在滞留脉冲为零的位置上，该停留于固定位置的功能称为伺服锁定。

3）进行适合机械负荷的位置环路增益和速度环路增益调整。

3. 伺服系统的控制方式

根据控制对象不同，由伺服电动机组成的伺服系统一般有三种基本控制方式。

1）转矩控制：通过外部模拟量的输入或直接地址的赋值来设定电动机轴对外输出转矩的大小，主要应用于需要严格控制转矩的场合。例如，绕线装置或拉光纤设备，转矩的设定要根据缠绕的半径变化随时更改以确保材质的受力不会随着缠绕半径的变化而改变。

2）速度控制：通过模拟量的输入或脉冲的频率对转动速度进行控制。

3）位置控制：伺服系统中最常用的控制方式。位置控制模式一般是通过外部输入的脉冲的频率来确定转动速度的大小，通过脉冲的个数来确定转动的角度。由于位置控制模式可以对速度和位置有严格的控制，所以一般应用于定位装置，如数控机床、印刷机械等。

10.2.2　三菱伺服驱动器

三菱的 MR-J4 系列伺服驱动器功能强大，可用于高精度定位、线控制和张力控制，因此本节以此系列为例进行介绍。

1. MR-J4 伺服系统的硬件功能图

三菱 MR-J4 伺服系统的硬件功能图如图 10-6 所示，图中断路器和接触器是通用器件，只要是符合要求的产品即可，电抗器和制动电阻可以根据需要选用。

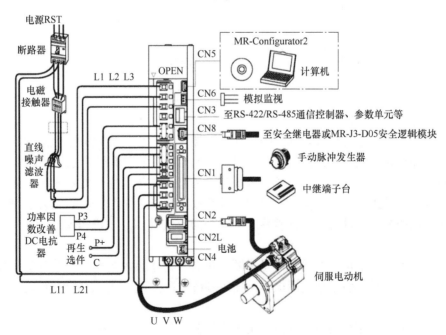

图 10-6　三菱 MR-J4 伺服系统的硬件功能图

2. MR-J4 伺服驱动器的接口

MR-J4 伺服驱动器的接口如图 10-7 所示，其外部各部分接口的作用见表 10-1。

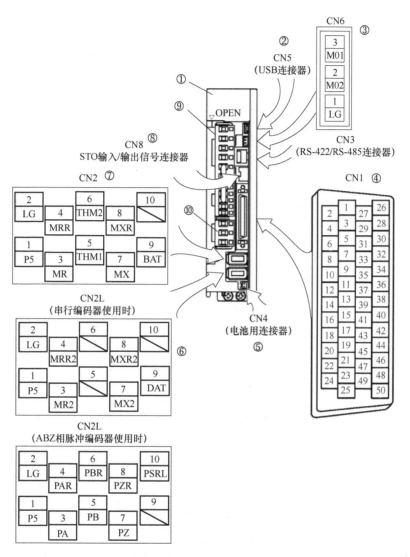

图 10-7　MR-J4 伺服驱动器接口

表 10-1　MR-J4 伺服驱动器外部各部分接口的作用

序号	名称	功能/作用	序号	名称	功能/作用
①	显示器	5 位 7 段 LED, 显示伺服状态和报警代码	②	CN5	迷你 USB 接口, 用于修改参数, 监控伺服
①	操作部分	用于执行状态显示、诊断、报警和参数设置等操作 MODE　UP　DOWN　SET ——用于设置数据 ——用于改变每种模式的显示或数据 ——用于改变模式	③	CN6	输出模拟监视数据

157

（续）

序号	名称	功能/作用	序号	名称	功能/作用
④	CN1	用于连接数字 I/O 信号	⑧	CN8	STO 输入/输出信号连接器
⑤	CN4	电池用连接器	⑨	CNP1	用于连接输入电源的接头
⑥	CN2L	外部串行编码器或者 ABZ 脉冲编码器用接头	⑩	CNP3	用于连接伺服电动机的电源接头
⑦	CN2	用于连接伺服电动机编码器的接头			

（1）CN1 接口

MR-J4 伺服驱动器的 CN1 连接器定义了 50 个引脚，以下仅对几个重要引脚的含义做详细的说明，见表 10-2，其余的可以查看三菱公司的相关手册。

表 10-2　CN1 连接器引脚的详细说明

序号	引脚针号	代号	说明
1	1、2、28	P15R、VC、LG	共同组成模拟量速度给定
2	1、27、28	P15R、TC、LG	共同组成模拟量转矩给定
3	10	PP	在位置控制方式下，其代号都是 PP，其作用表示高速脉冲输入信号，是输入信号
4	12	OPC	在位置以及位置和速度控制方式下，其代号都是 OPC，其作用是外接+24V 电源的输入端，必须接入，是输入信号
5	15	SON	在位置、速度以及位置和速度控制方式下，其代号都是 SON，其作用表示开启伺服驱动器信号，是输入信号
6	16	SP2	速度模式时，转速 2
7	17	ST1	速度模式时，正转信号
8	18	ST2	速度模式时，反转信号
9	19	RES	在位置、速度以及位置和速度控制方式下，代号为 RES，表示复位，是输入信号
10	20、21	DICOM	在位置、速度以及位置和速度控制方式下，其代号都是 DICOM，数字量输入公共端子
11	35	NP	在位置控制方式下，其代号都是 NP，其作用表示脉冲方向信号，是输入信号
12	41	SP1	速度模式时，转速 1
13	42	EM2	在位置、速度以及位置和速度控制方式下，其代号都是 EM2，其作用表示开启伺服驱动器急停信号，断开时急停，是输入信号
14	43	LSP	在位置、速度和转矩控制方式下，其代号都是 LSP，其作用表示正向限位信号，是输入信号

158

（续）

序　号	引脚针号	代　号	说　明
15	44	LSN	在位置、速度和转矩控制方式下，其代号都是 LSN，其作用表示反向限位信号，是输入信号
16	46、47	DOCOM	在位置、速度以及位置和速度控制方式下，其代号都是 DOCOM，数字量输出公共端子
17	48	ALM	在位置、速度以及位置和速度控制方式下，其代号都是 ALM，其作用表示有报警时输出低电平信号，是输出信号
18	49	RD	在位置、速度以及位置和速度控制方式下，其代号都是 RD，其作用表示伺服驱动器已经准备好，可以接收控制器的控制信号，是输出信号

（2）CN6 接口

连接器 CN6 引脚的定义和功能见表 10-3。

表 10-3　连接器 CN6 引脚的定义和功能

连接端子	代　号	输出/输入信号	备　注
1	LG	公共端子	
2	MO2	MO2 与 LG 间的电压输出	模拟量输出
3	MO1	MO1 与 LG 间的电压输出	模拟量输出

3. 伺服驱动器主电路接线（见图 10-8）

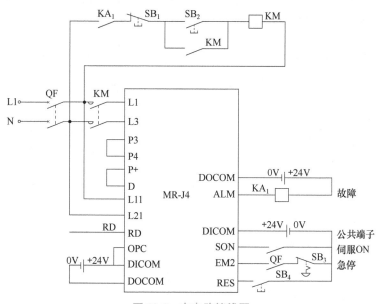

图 10-8　主电路接线图

1）在主电路侧（三相 220V，L1、L2、L3，或者单相 220V，L1、L3）需要使用接触器，并能在报警发生时从外部断开接触器。

2）控制电路电源（L11、L21）和主电路电源同时投入使用或比主电路电源先投入使用。如果主电路电源不投入使用，显示器会显示报警信息。当主电路电源接通后，报警消除，可以正常工作。

3）伺服放大器在主电路电源接通约 1s 后便可接收伺服开启信号（SON）。所以，如果在三相电源接通的同时将 SON 设定为 ON，那么约 1s 后主电路设为 ON，进而约 20ms 后，准备完毕信号（RD）将置为 ON，伺服驱动器处于可运行状态。

4）复位信号（RES）为 ON 时主电路断开，伺服电动机处于自由停车状态。

4. 伺服驱动器和伺服电动机的连接（见图 10-9）

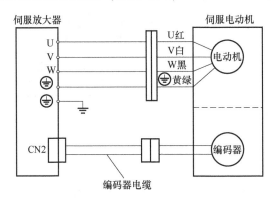

图 10-9　伺服驱动器和伺服电动机的连接

5. 伺服驱动器控制电路接线

（1）数字量输入的接线

MR-J4 伺服系统支持漏型（NPN）和源型（PNP）两种数字量输入方式。漏型数字量输入实例如图 10-10 所示，可以看到有效信号是低电平有效。源型数字量输入实例如图 10-11 所示，可以看到有效信号是高电平有效。

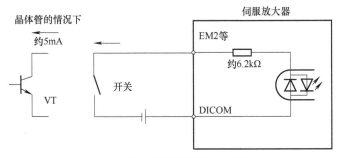

图 10-10　伺服驱动器漏型数字量输入实例

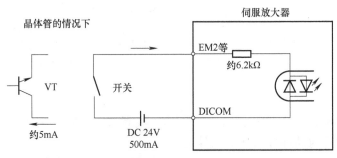

图 10-11　伺服驱动器源型数字量输入实例

（2）数字量输出的接线

MR-J4 伺服系统支持漏型（NPN）和源型（PNP）两种数字量输出方式。漏型数字量输出实例如图 10-12 所示，可以看到有效信号是低电平有效。源型数字量输出实例如图 10-13 所示，可以看到有效信号是高电平有效。

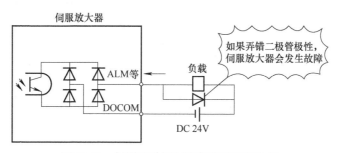

图 10-12　伺服驱动器漏型数字量输出实例

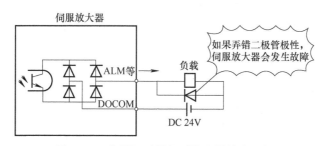

图 10-13　伺服驱动器源型数字量输出实例

（3）位置控制模式脉冲输入方法

集电极开路输入方式如图 10-14 所示。集电极开路输入方式输入脉冲最高频率为 200kHz。

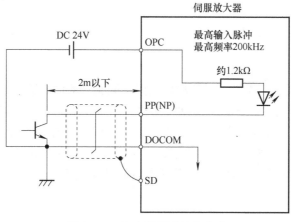

图 10-14　集电极开路输入方式

161

差动输入方式如图 10-15 所示。差动输入方式输入脉冲最高频率为 4MHz。

（4）外部模拟量输入

模拟量输入的主要功能是进行速度调节和转矩调节或速度限制和转矩限制，一般输入阻抗为 10~12kΩ，如图 10-16 所示。

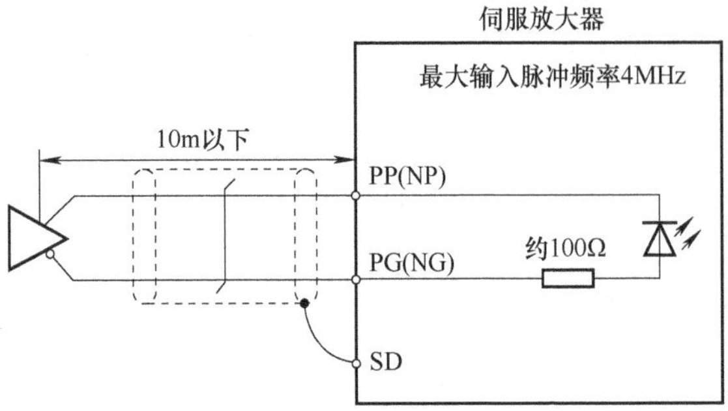

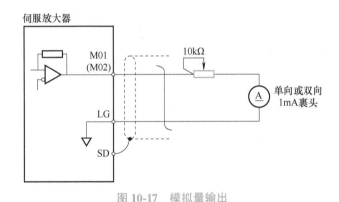

图 10-15　差动输入方式 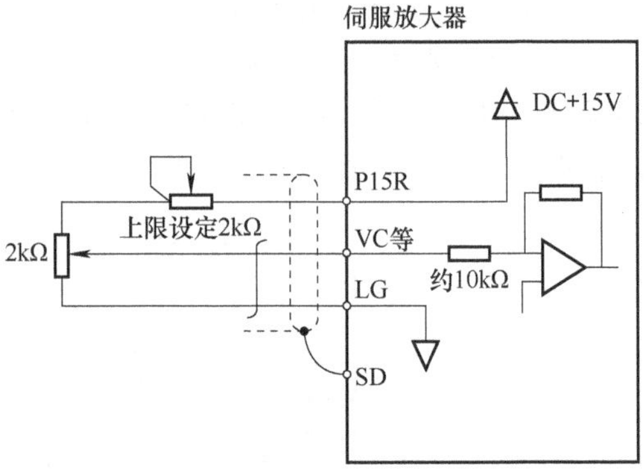　　　　　　　　　　图 10-16　外部模拟量输入

（5）模拟量输出

模拟量输出的电压信号可以反映伺服驱动器的运行状态，如电动机的旋转速度、输入脉冲频率、输出转矩等，如图 10-17 所示。输出电压是 ±10V，电流最大为 1mA。

图 10-17　模拟量输出

10.2.3　三菱伺服系统常用参数介绍

要准确高效地使用伺服系统，必须准确设置伺服驱动器的参数。MR-J4 伺服系统包含基本设定参数（Pr. PA_）、增益/滤波器设定参数（Pr. PB_）、扩展设定参数（Pr. PC_）、输入/输出设定参数（Pr. PD_）、扩展设定参数 2（Pr. PE_）和扩展设定参数 3（Pr. PF_）等。参数简称前带有 * 号的参数在设定后一定要关闭电源，再接通电源后才生效，如参数 PA01 的简称为 *STY（运行模式），重新设定后需要断电重启生效。下面将对 MR-J4 伺服系统常用参数进行介绍。

1. 常用基本设定参数

基本设定参数以"PA"开头，常用基本设定参数说明见表 10-4。

在进行位置控制模式时，需要设置电子齿轮比，电子齿轮比的设置和系统的机械结构、控制精度有关。

电子齿轮比的设定范围为

$$\frac{1}{50} \leqslant \frac{CMX}{CDV} \leqslant 4000$$

表 10-4　常用基本设定参数说明

编　号	符号/名称	设　定　位	功　　　　能	初　始　值	控制模式
PA01	*STY	_ _ _X	选择控制模式 0：位置控制模式 1：位置控制模式/速度控制模式 2：速度控制模式 3：速度控制模式/转矩控制模式 4：转矩控制模式 5：转矩控制模式/速度控制模式	0H	P、S、T
PA06	CMX		电子齿轮比的分子	1	P
PA07	CDV		电子齿轮比的分母，通常 $\dfrac{1}{50} \leqslant \dfrac{CMX}{CDV} \leqslant 4000$	1	P
PA13	*PLSS	_ _ _X	指令输入脉冲串形式选择 0：正转、反转脉冲串 1：脉冲串+符号 2：A 相、B 相脉冲串	0H	P
		_ _X_	脉冲串逻辑选择 0：正逻辑 1：负逻辑	0H	P
		_X_ _	指令输入脉冲串滤波器选择 通过选择和指令脉冲频率匹配的滤波器，能够提高抗干扰能力 1：指令输入脉冲串在 1MHz 以下的情况 2：指令输入脉冲串在 500kHz 以下的情况 "1" 对应到 1MHz 位置的指令。输入 1~4MHz 的指令时，请设定 "0"	1H	P
		X_ _ _	厂商设定用	0H	P

注：表中 P 表示位置模式，S 表示速度模式，T 表示转矩模式。

假设上位机（如 PLC）向驱动器发出 1000 个脉冲（假设电子齿轮比为 1：1），则偏差计数器就能产生 1000 个脉冲，从而驱动伺服电动机转动。伺服电动机转动后，编码器则会产生脉冲输出，反馈给偏差计数器，编码器产生一个脉冲，偏差计数器则减 1，产生两个脉冲，偏差计数器则减 2。因此，编码器旋转后一直产生反馈脉冲，偏差计数器一直做减法运算，当编码器反馈 1000 个脉冲后，偏差计数器内脉冲就减为 0。此时，伺服电动机就会停止。因此，实际上，上位机发出脉冲，则伺服电动机就旋转，当编码器反馈的脉冲数等于上位机发出的脉冲数后，伺服电动机停止。

因此得出：上位机所发的脉冲数=编码器反馈的脉冲数。

2. 电子齿轮比的概念及计算

电子齿轮比实际上是一个脉冲放大倍率（通常 PLC 的脉冲频率一般不高于 200kHz，而伺服四通编码器的脉冲频率则高得多，MR-J4 转一圈，其脉冲频率就是 4194304Hz，明显高于 PLC 的脉冲频率）。实际上，上位机所发的脉冲经电子齿轮比放大后再送入偏差计数器，因此上位机所发的脉冲，不一定就是偏差计数器所接收到的脉冲。

计算公式：上位机发出的脉冲数×电子齿轮比=偏差计数器接收的脉冲数

偏差计数器接收的脉冲数=编码器反馈的脉冲数

计算电子齿轮比有关的概念如下：

（1）编码器分辨率

编码器分辨率即为伺服电动机编码器的分辨率，也就是伺服电动机旋转一圈，编码器所能产生的反馈脉冲数。编码器分辨率是一个固定的常数，伺服电动机选好后，编码器分辨率也就固定了。

（2）丝杠螺距

丝杠即为螺纹式的螺杆，电动机旋转时，带动丝杠旋转，丝杠旋转后，可带动滑块做前进或后退的动作，如图 10-18 所示。

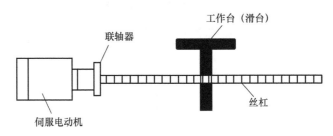

图 10-18　伺服电动机带动丝杠示意图

丝杠螺距即为相邻螺纹之间的距离，实际上丝杠的螺距即丝杠旋转一周工作台所能移动的距离。螺距是丝杠固有的参数，是一个常量。

（3）脉冲当量

脉冲当量即为上位机（PLC）发出一个脉冲，工作台实际所能移动的距离。因此，脉冲当量也就是伺服系统的精度。

比如说脉冲当量规定为 1μm，则表示上位机（PLC）发出一个脉冲，工作台实际可以移动 1μm。因为 PLC 最少只能发一个脉冲，所以伺服系统的精度就是脉冲当量，也就是 1μm。

如图 10-18 所示，伺服编码器分辨率为 131072，丝杠螺距是 10mm，脉冲当量为 10μm，请计算电子齿轮比：

脉冲当量为 10μm，表示 PLC 发一个脉冲，工作台可以移动 10μm，那么要让工作台移动一个螺距（10mm），则 PLC 需要发出 1000 个脉冲，相当于 PLC 发出 1000 个脉冲，工作台可以移动一个螺距。那工作台移动一个螺距，丝杠需要转一圈，伺服电动机也需要转一圈，伺服电动机转一圈，编码器能产生 131072 个脉冲。

根据：PLC 发出的脉冲数×电子齿轮比=编码器反馈的脉冲数，即

则　　　　　　　　　　$$1000 \times 电子齿轮比 = 131072$$
$$电子齿轮比 = 131072/1000$$

3. 常用扩展设定参数

扩展设定参数以"PC"开头，主要用于速度控制模式，常用扩展设定参数说明见表 10-5。

4. 常用输入/输出设定参数

输入/输出设定参数以"PD"开头，常用输入/输出设定参数说明见表 10-6。

表 10-5　常用扩展设定参数说明

编　号	符号/名称	设定位	功　　能	初始值	控制模式
PC01	STA		加速时间 转速/（r/min） 额定转速 设定的速度指令比额定转速低的时候，加减速时间会变短 0　　时间 [Pr.PC01]的设定值　　[Pr.PC02]的设定值	0ms	S、T
PC02	STB		减速时间		S、T
PC05	SC1		内部速度 1		S、T
PC06	SC2		内部速度 2		S、T
PC07	SC3		内部速度 3		S、T

注：表中 S 表示速度模式，T 表示转矩模式。

表 10-6　常用输入/输出设定参数说明

编号	符号/名称	设定位		功　　能	初始值	控制模式
PD01	* DIA1	___x（HEX）		输入信号自动选择		
			___x（BIN）：厂商设定用		0H	P、S、T
			__x_（BIN）：厂商设定用			
			_x__（BIN）：SON（伺服开启） 0：无效（用于外部输入信号） 1：有效（自动 ON）			
			x___（BIN）：厂商设定用			
		__x_（HEX）	___x（BIN）：PC（比例控制） 0：无效（用于外部输入信号） 1：有效（自动 ON）		0H	P、S
			__x_（BIN）：TL（外部转矩限制控制） 0：无效（用于外部输入信号） 1：有效（自动 ON）			
			_x__（BIN）：厂商设定用			
			x___（BIN）：厂商设定用			
		_x__（HEX）	___x（BIN）：厂商设定用		0H	P、S
			__x_（BIN）：厂商设定用			
			_x__（BIN）：LSP（正转行程末端） 0：无效（用于外部输入信号） 1：有效（自动 ON）			
			x___（BIN）：LSN（反转行程末端） 0：无效（用于外部输入信号） 1：有效（自动 ON）			
		x___（HEX）	厂商设定用		0H	

注：表中 P 表示位置模式，S 表示速度模式，T 表示转矩模式。

输入信号自动选择 PD01 是比较有用的参数，如果不设置此参数，要运行伺服系统，必须将 SON、LSP、LSN 与输入公共端进行接线短接。如果合理设置此参数（如将 PD01 设置为 0C04），可以不需要将 SON、LSP、LSN 与输入公共端进行接线短接。

10.2.4　三菱伺服系统参数设置

1. 用操作单元设置三菱伺服系统参数

（1）操作单元

通用伺服驱动器是一种可以独立使用的控制装置，为了对驱动器进行设置、调试和监控，伺服驱动器一般都配有简单的操作单元，如图 10-19 所示。在现场调试和维护中没有计算机时，操作单元是必不可少的。

利用伺服放大器正面的显示部分（5 位 7 段 LED），可以进行状态显示和参数设置等。通过操作显示单元可在运行前设定参数、诊断异常时的故障、确认外部程序、确认运行期间状态。操作显示单元上的 4 个按键的作用如下：

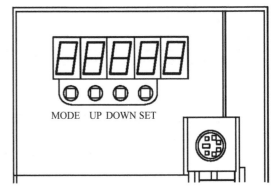

图 10-19　MR-J4 操作显示单元

MODE：每次按下此按键，在操作/显示之间转换。

UP：数字增加/显示转换键。

DOWN：数字减少/显示转换键。

SET：数据设置键。

（2）显示模式

MR-J4 驱动器可选择状态显示、诊断显示、报警显示和参数显示，共 4 种显示模式，显示模式由"MODE"按键切换。MR-J4 驱动器的显示模式举例见表 10-7。

表 10-7　MR-J4 驱动器的显示模式举例

显 示 类 别	显 示 状 态	显 示 内 容	其 他 说 明
状态显示	C	反馈累积脉冲	
诊断显示	rd-oF	准备未完成	
	rd-on	准备完成	
报警显示	AL---	没有报警	
	AL33.1	发生 AL33.1 号报警	主电路电压异常
参数显示	P A01	基本参数	
	P b01	增益/滤波器设定参数	
	P C01	扩展参数	
	P d01	输入/输出设定参数	
	P E01	扩展参数 2	

（3）参数设定

参数的设定流程如图 10-20 所示。

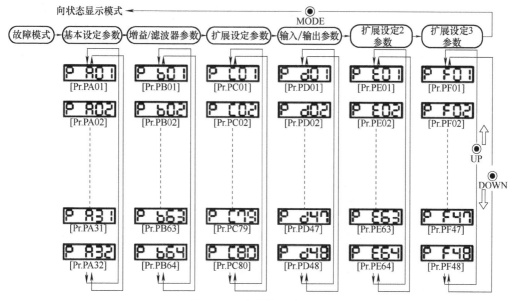

图 10-20　参数的设定流程

例如，设置电子齿轮比的分子为 2，电子齿轮比的分子是 PA06，也就是要将 PA06 = 2。方法如下：

1）首先给伺服驱动器通电，再按模式选择键"MODE"，等到数码管上显示"0"，按"MODE"按键，显示"**AUTO**"，再按"MODE"按键，显示"**rd-on**"，再按"MODE"按键，显示"**P A01**"，再按"MODE"按键，显示"**P E01**"。

2）按向上加按键"UP"，到数码管上显示"PA06"为止。

3）按设置按键"SET"，数码管显示的数字为"01"，因为电子齿轮比的分子是 PA06，其默认数值是 1。

4）按向上加按键"UP"，到数码管上显示"02"为止，此时数码管上显示"02"是闪烁的，表明数值没有设定完成。

5）按设置按键"SET"，设置完成。

关键点：带"＊"的参数断电后，重新上电，参数设置起作用。

2. 用 MR Configurator2 软件设置三菱伺服系统参数

MR Configurator2 是三菱公司为伺服驱动系统开发的专用软件，可以设置参数、调试以及故障诊断伺服驱动系统。以下简要介绍设置参数的过程。

1）打开 MR Configurator2 软件，单击工具栏中的"新建"按钮，弹出如图 10-21 所示的界面，选择伺服驱动器机种，本例为"MR-J4-A（-RJ）"，单击"确定"按钮。

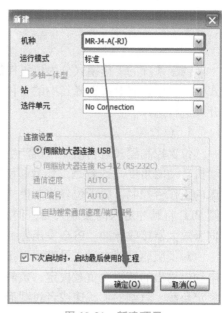

图 10-21　新建项目

2) 单击工具栏中的"连接"按钮，将 MR Configurator2 软件与伺服驱动器连接在一起。如图 10-22 所示，选中"参数"（标记①处）→"参数设置"（标记②处）→"列表显示"（标记③处），在表格中（标记④处）输入需要修改的参数，单击"轴写入"（标记⑤处）按钮。如果参数前面带"＊"，需要断电重启伺服驱动器。例如，修改 PA01（＊STY）后必须断电重启，修改参数才生效，而修改 PA06（CMX）后，无需断电重启伺服驱动器。

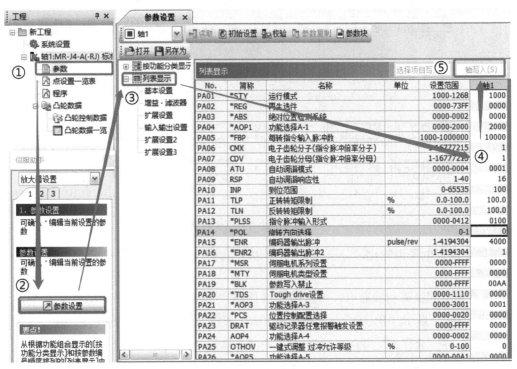

图 10-22 设置参数

10.2.5 伺服系统的工作模式

伺服系统的工作模式分为位置控制模式、速度控制模式和转矩控制模式。这三种控制模式中，根据控制要求选择其中的一种或者两种模式，当选择两种控制模式时，需要通过外部开关进行选择。

1. 位置控制模式

位置控制模式是利用上位机产生的脉冲来控制伺服电动机转动，脉冲的个数决定伺服电动机转动的角度（或者是工作台移动的距离），脉冲频率决定电动机的转速。例如，数控机床的工作台控制，属于位置控制模式。其控制原理与步进电动机类似。上位机若采用 PLC，则 PLC 将脉冲送入伺服放大器，伺服放大器再来控制伺服电动机旋转，即 PLC 输出脉冲，伺服放大器接收脉冲。PLC 发出脉冲时，需选择晶体管输出型。

对伺服驱动器来说，最高可以接收 500kHz 的脉冲（差动输入），集电极输入是 200kHz。电动机输出的转矩由负载决定，负载越大，电动机输出的转矩越大，当然不能超出电动机的额定负载。急剧的加减速或者过载而造成主电路过电流会影响功率器件，因此伺服放大器钳位电路用来限制输出转矩，转矩的限制可以通过模拟量或者参数设置来进行调整。

2. 速度控制模式

速度控制模式可维持电动机的转速保持不变。当负载增大时，电动机输出的转矩增大；负载减小时，电动机输出的转矩减小；

速度控制模式的速度设定可以通过模拟量（DC 0～±10V）或通过参数来进行调整，最多可以设置 7 段速。其控制的方式和变频器相似。但是速度控制可以通过内部编码器反馈脉冲做反馈，构成闭环。

3. 转矩控制模式

转矩控制模式是对电动机输出的转矩进行控制，如恒张力控制、收卷系统的控制、需要采用转矩控制模式。在转矩控制模式中，由于电动机输出的转矩是一定的，所以当负载变化时，电动机的转速在发生变化。转矩控制模式中的转矩可以通过模拟量（DC 0～±8V）或者参数设置内部转矩指令进行调整。

10.2.6　三菱 FX5U 运动控制相关指令

FX5U 支持 4 个高速输出轴，高速输出点为 Y0～Y3。其最大的脉冲频率是 200kHz，最多可以扩展到 12 轴。

FX5U 在使用运动控制相关指令时，常用的一些特殊继电器见表 10-8，特殊寄存器见表 10-9。

表 10-8　特殊继电器

FX5 专用				FX3 兼容用				功　能
轴 1	轴 2	轴 3	轴 4	轴 1	轴 2	轴 3	轴 4	
				SM8029				指令执行结束标志位
				SM8329				指令执行异常结束标志位
SM5500	SM5501	SM5502	SM5503	SM8348	SM8358	SM8368	SM8378	定位指令驱动中
SM5516	SM5517	SM5518	SM5519	SM8340	SM8350	SM8360	SM8370	脉冲输出中监控
SM5532	SM5533	SM5534	SM5531					发生定位出错
SM5628	SM5644	SM5629	SM5631					脉冲停止指令
SM5644	SM5645	SM5646	SM5647					脉冲减速停止指令
SM5660	SM5661	SM5662	SM5663					正转极限
SM5676	SM5677	SM5678	SM5679					反转极限
SM5772	SM5773	SM5774	SM5775					旋转方向设置
SM5804	SM5805	SM5806	SM5807					原点回归方向指定
SM5820	SM5821	SM5822	SM5823					清除信号输出功能有效
SM5888	SM5869	SM5870	SM5871					零点信号计数开始时间

表 10-9　特殊寄存器

FX5 专用				FX3 兼容用				功　能
轴 1	轴 2	轴 3	轴 4	轴 1	轴 2	轴 3	轴 4	
				SD8136、SD8137				PLSY 指令的轴 1、轴 2 输出合计
				SD8140 SD8141				PLSY 指令的输出脉冲数
SD5500 SD5501	SD5540 SD5541	SD5580 SD5581	SD5620 SD5621					当前地址（用户单位）
SD5502 SD5503	SD5542 SD5543	SD5582 SD5583	SD5622 SD5623	SD8340 SD8341	SD8350 SD8351	SD8360 SD8361	SD8370 SD8371	当前地址（脉冲单位）
SD5504 SD5504	SD5544 SD5545	SD5584 SD5585	SD5624 SD5625					当前速度（用户单位）
SD5510	SD5550	SD5590	SD5630					定位出错 出错代码
SD5516 SD5517	SD5556 SD5557	SD5596 SD5597	SD5538 SD5539					最高速度
SD5518 SD5519	SD5558 SD5559	SD5598 SD5599	SD5638 SD5639					偏置速度
SD5520	SD5560	SD5600	SD5640					加速时间
SD5521	SD5561	SD5601	SD5641					减速时间
SD5526 SD5527	SD5566 SD5567	SD5606 SD5607	SD5646 SD5647					原点回归速度
SD5528 SD5529	SD5568 SD5569	SD5608 SD5609	SD5648 SD5649					爬行速度
SD5530 SD5531	SD5570 SD5571	SD5610 SD5611	SD5650 SD5651					原点地址
SD5532	SD5572	SD5612	SD5652					原点回归零点信号数
SD5533	SD5573	SD5613	SD5653					原点回归停留时间

1. 原点回归指令 DSZR/DDSZR

1）回原点的过程：一般的伺服系统和步进驱动系统，通常需要回原点（速度控制不需要），回原点的目的就是要让机械原点和电气原点重合，这是十分关键的，数控车床的对刀也是回原点。

通过 DSZR/DDSZR 指令，向原点回归方向中设定的方向开始原点回归，到达原点回归速度后，以指定的原点回归速度进行动作。

通过近点 DOG 检测开始减速动作，以爬行速度进行动作。检测到近点 DOG 后，以指定次数的零点信号检测来停止脉冲输出，结束机械原点回归。但是，如果设定了停留时间，在经过停留时间前，不结束机械原点回归。原点回归的示意图如图 10-23 所示。

2）DSZR/DDSZR 指令格式：DSZR/DDSZR 指令的（s1）中存储的是原点回归速度或存储了数据的字软元件编号，（s2）中存储的是爬行速度或存储了数据的字软元件编号，（d1）中存储的是输出脉冲的轴编号，（d2）中存储的是指令执行结束、异常结束标志位的位软元件编号，如图 10-24 所示。

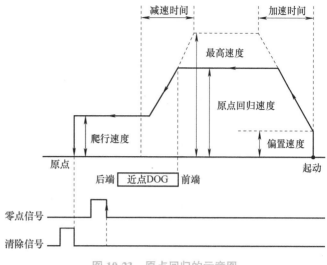

图 10-23 原点回归的示意图

若使用的伺服电动机使用的是相对编码器，则程序在调用绝对定位指令前，必须先回原点。

3）参数的配置：在图 10-25 的导航窗口中，单击"参数"→"FX5UCPU"→"模块参数"→"高速 I/O"→"输出功能"→"定位"→"详细设置"，弹出基本设置界面

图 10-24 DSZR/DDSZR 指令格式

如图 10-26 所示，选择轴 1 脉冲输出模式为"PULSE/SIGN"（脉冲+方向），设定 X0 为 DOG 搜索和回原点信号，Y5 为清除伺服驱动器的残余脉冲信号，其余设置可以用默认数值，当然也可以根据需要修改。

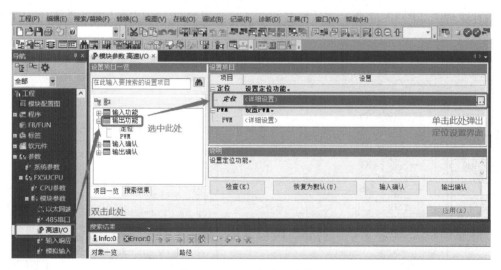

图 10-25 打开定位设置界面

4）应用实例：FX5U 对 MR-J4 伺服系统进行位置控制，要求设计此系统，并编写回原点程序。

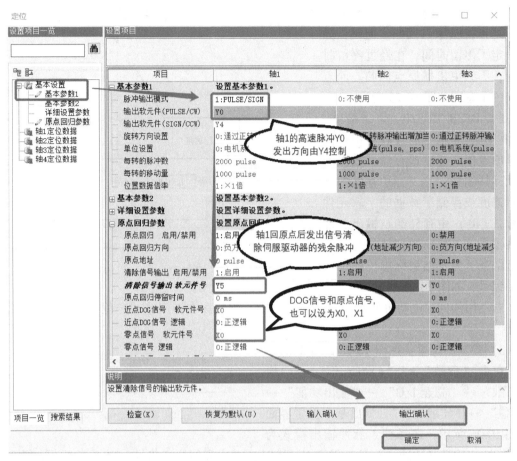

图 10-26 定位设置界面

设计原理图如图 10-27 所示（后续几个例子都要用此图，所以输入端的端子比本例需要的要多）。

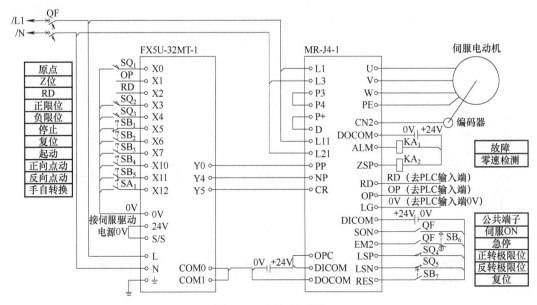

图 10-27 设计原理图

编写程序如图 10-28 所示。当压下复位按钮 SB₂ 时，DDSZR 指令开始执行回原点操作，其回原点速度是 10000Hz，靠近 SQ₁ 后其爬行速度是 1500Hz，驱动的是轴 1，回原点完成后 M0 置位，随后 M0 和 M1 复位。任何时候按下 SB₁ 按钮，伺服系统停止运行。

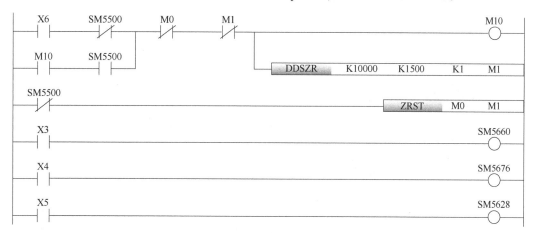

图 10-28　位置控制程序（回原点）

2. 相对定位指令 DRVI/DDRVI

1）相对定位的概念：DRVI/DDRVI 指令通过增量方式（采用相对地址的位置指定），进行 1 速定位，以当前停止的位置作为起点，指定移动方向和移动量（相对地址）进行定位动作。相对定位的示意图如图 10-29 所示。

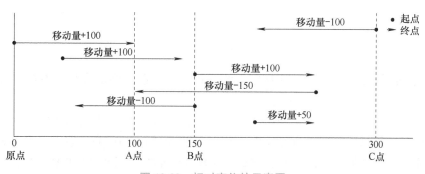

图 10-29　相对定位的示意图

2）DRVI/DDRVI 指令格式：DRVI/DDRVI 指令的（s1）中存储的是相对地址指定定位地址的字软元件编号，（s2）中存储的是指定指令速度或存储了数据的字软元件编号，（d1）中存储的是输出脉冲的轴编号，（d2）和（d2）+1 中存储的是指令执行结束、异常结束标志位的位软元件编号，如图 10-30 所示。

173

图 10-30　相对定位指令格式

使用相对定位指令不需要回原点，而使用绝对定位指令需要回原点。

3）参数的配置：在图 10-25 的导航窗口中，单击"参数"→"FX5UCPU"→"模块参数"→"高速 I/O"→"输出功能"→"定位"→"详细设置",弹出基本设置界面如图 10-31 所示,选择轴 1 脉冲输出模式为"PULSE/SIGN"(脉冲+方向),其余设置可以用默认数值,当然也可以根据需要修改。

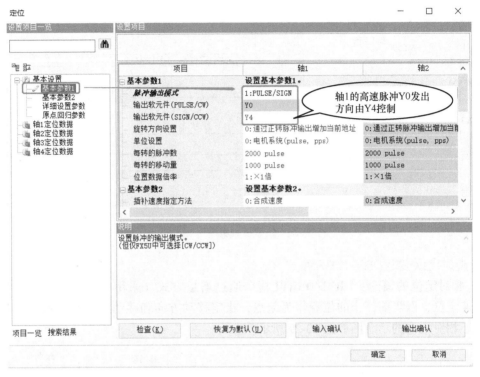

图 10-31 定位设置界面(相对)

4)应用实例:FX5U 对 MR-J4 伺服系统进行位置控制,要求设计此系统,并编写点动控制程序。

设计原理图如图 10-27 所示,编写程序如图 10-32 所示。当压下正向点动按钮 SB_4 时,DDRVI 指令开始执行正向相对位移操作,其运行速度是+10000Hz;当 SB_4 断开时 M2 线圈得电,切断 M10 的线圈,实现点动,点动完成后 M0 置位,随后 M0 和 M1 复位。

当压下反向点动按钮 SB_5 时,DDRVI 指令开始执行反向相对位移操作,其运行速度是-10000Hz;当 SB_5 断开时 M8 线圈得电,切断 M11 的线圈,实现点动,点动完成后 M5 置位,随后 M5 和 M6 复位。任何时候按下 SB_1 按钮,伺服系统停止运行。

3. 绝对定位指令 DRVA/DDRVA

1)绝对定位的概念:绝对定位就是以原点(参考点)为基准指定位置(绝对地址)进行定位动作,绝对目标位置与起点在哪里无关。绝对定位的示意图如图 10-33 所示。

2)DRVA/DDRVA 指令格式:DRVA/DDRVA 指令的 (s1) 中存储的是绝对地址指定定位地址的字软元件编号,(s2) 中存储的是指定指令速度或存储了数据的字软元件编号,(d1) 中存储的是输出脉冲的轴编号,(d2) 和 (d2) +1 中存储的是指令执行结束、异常结束标志位的位软元件编号,指令格式如图 10-34 所示。

使用相对定位指令不需要回原点,而使用绝对定位指令需要回原点。

3)参数的配置:参照图 10-31。

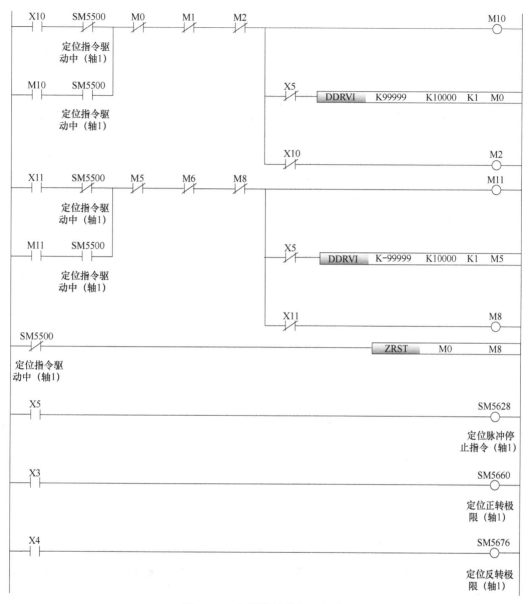

图 10-32 位置控制程序（点动）

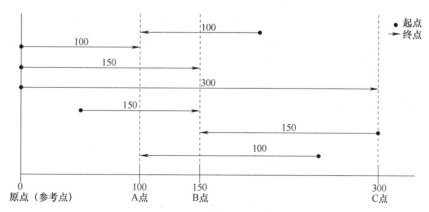

图 10-33 绝对定位的示意图

图 10-34 绝对定位指令格式

4）应用实例：FX5U 对 MR-J4 伺服系统进行位置控制，要求设计此系统，并编写控制程序，实现无论小车停在哪里，压下起动按钮后回到 K10000 脉冲处。

设计原理图如图 10-27 所示，编写程序如图 10-35 所示。当压下复位按钮 SB_2 时，DDSZR 指令开始执行搜索原点操作，找到原点后，M20 置位。压下 SB_3 按钮，DDRVA 指令开始执行绝对位移操作，其运行速度是 +1500Hz，到达 10000 脉冲位置后，M0～M8 复位。任何时候按下 SB_1 按钮，伺服系统停止运行。

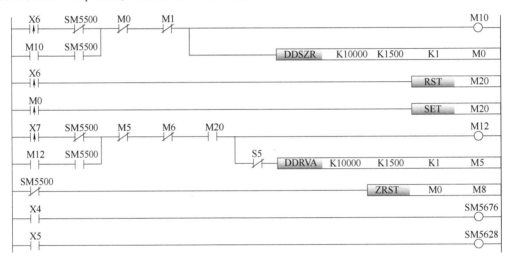

图 10-35 位置控制程序（绝对）

10.2.7 三菱 FX5U 对 MR-J4 伺服系统的位置控制

在伺服系统的三种控制模式中，伺服系统的位置控制在工程实践中最为常见，以下用一个实例介绍 FX5U 对 MR-J4 伺服系统的位置控制。

已知伺服系统编码器的分辨率为 4194304（22 位），脉冲当量定义为 0.001mm，工作台螺距是 10mm。要求压下起动按钮，正向行走 50mm，停 2s，再正向行走 50mm，停 2s，返回原点，停 2s，如此往复运行。停机后，压下起动按钮可以继续按逻辑运行，而且要求设计点动功能。设计此方案，并编写控制程序。

1. 设计原理图

设计原理图如图 10-36 所示。

2. 计算电子齿轮比

因脉冲当量为 0.001mm，则 PLC 发出 1000 个脉冲，工作台可以移动 1mm。丝杠螺距为 10mm，则要使工作台移动一个螺距，PLC 需要发出 10000 个脉冲。所以

$$10000 \times \frac{CMX}{CDV} = 4194304$$

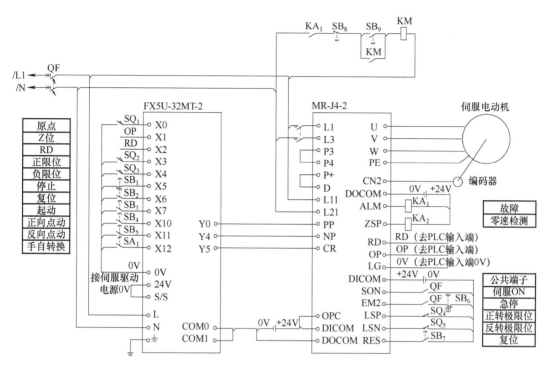

图 10-36　位置控制原理图

则电子齿轮比为 CMX/CDV = 4194304/10000 = 262144/625。

3. 计算脉冲距离

1）从原点到第 1 位置为 50mm，而一个脉冲能移动 0.001mm，则 50mm 需要发出 50000 个脉冲。

2）从原点到第 2 位置为 100mm，而一个脉冲能移动 0.001mm，则 100mm 需要发出 100000 个脉冲。

4. 计算脉冲频率（转速）

脉冲频率即伺服电动机转速计算。

1）原点回归高速：定义为 0.75r/s，低速（爬行速度）为 0.25r/s，则原点回归高速频率为 7500Hz，低速为 2500Hz。

2）自动运行速度：按照要求，可定义转速为 4r/s，则自动运行频率为 40000Hz，1s 能走 40mm。

5. 伺服驱动器的参数设置

伺服驱动器的参数设置见表 10-10。

表 10-10　伺服驱动器的参数设置（位置控制）

参　　数	名　　称	出 厂 值	设 定 值	说　　明
PA01	控制模式选择	1000	1000	设置成位置控制模式
PA06	电子齿轮分子	1	262144	设置成上位机发出 10000 个脉冲，电动机转一周

（续）

参 数	名 称	出 厂 值	设 定 值	说 明
PA07	电子齿轮分母	1	625	
PA13	指令脉冲选择	0000	0011	伺服接受的脉冲形式选择：正反转脉冲、脉冲加方向、正负逻辑
PD01	用于设定 SON、LSP、LSN 的自动置 ON	0000	0C04	SON、LSP、LSN 内部自动置 ON

6. 编写程序

编写程序如图 10-37 所示。

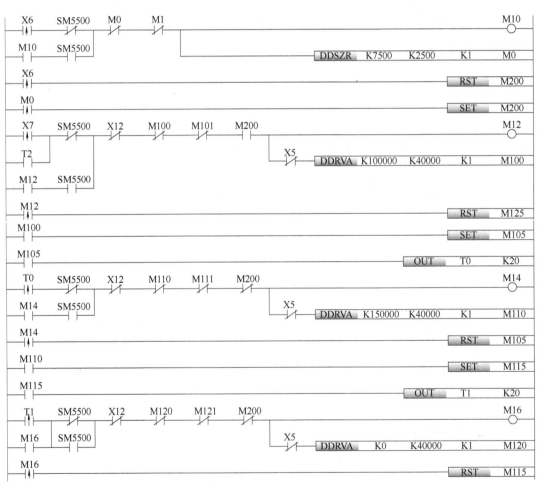

图 10-37　位置控制梯形图

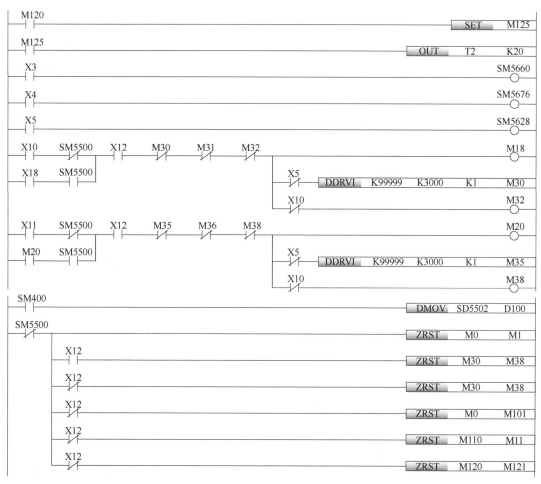

图 10-37 位置控制梯形图（续）

10.2.8 三菱 FX5U 对 MR-J4 伺服系统的速度控制

伺服系统的速度控制类似于变频器的速度控制，在高精度的速度控制和节能的场合（能效比普通变频器高）会用到伺服系统的速度控制。以下用一个实例介绍 FX5U 对 MR-J4 伺服系统的速度控制。

已知控制器为 FX5U，伺服系统为 MR-J4，要求压下起动按钮，正向转速为 50r/min，行走 10s；再正向转速为 100r/min，行走 10s，停 2s；再反向转速为 200r/min，行走 10s。设计此方案，并编写程序。

1. 设计原理图

设计原理图如图 10-38 所示。

2. 外部输入信号

外部输入信号与速度的对应关系见表 10-11。

3. 伺服驱动器的参数设置

伺服驱动器的参数设置见表 10-12。

179

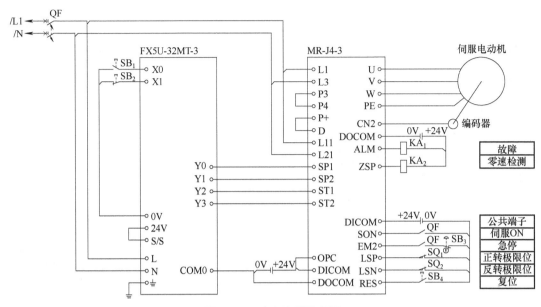

图 10-38 速度控制原理图

表 10-11 外部输入信号与速度的对应关系

外部输入信号					速度指令
ST1（Y2）	ST1（Y3）	SP1（Y0）	SP2（Y1）	SP3（Y4）	
0	0	0	0	0	电动机停止
1	0	1	0	0	速度 1（PC05 = 50）
1	0	0	1	0	速度 2（PC06 = 100）
0	1	1	1	1	速度 3（PC07 = 200）

表 10-12 伺服驱动器的参数设置（速度控制）

参　　数	名　　称	出　厂　值	设　定　值	说　　　明
PA01	控制模式选择	0000	1002	设置成速度控制模式
PC01	加速时间常数	0	1000	100ms
PC02	减速时间常数	0	1000	100ms
PC05	内部速度 1	100	50	50r/min
PC06	内部速度 2	500	100	100r/min
PC07	内部速度 3	1000	200	200r/min
PD01	用于设定 SON、LSP、LSN 的自动置 ON	0000	0C04	SON、LSP、LSN 内部自动置 ON

4. 编写程序

编写程序如图 10-39 所示。

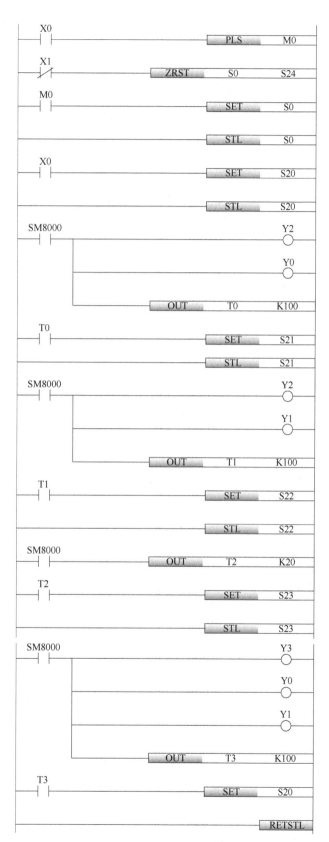

图 10-39　速度控制梯形图

10.2.9 三菱 FX5U 对 MR-J4 伺服系统的转矩控制

伺服系统的转矩控制在工程中也是很常用的，比如用于张力控制，以下用一个实例介绍 FX5U 对 MR-J4 伺服系统的转矩控制。

有一收卷系统，要求在收卷时纸张所受到的张力保持不变，当收卷到 100m 时，电动机停止，切刀工作，把纸切断，示意图如图 10-40 所示。设计方案，并编写程序。

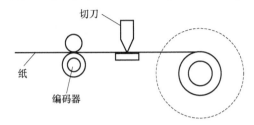

图 10-40　收卷系统示意图

1. 分析与计算

1）收卷系统要求在收卷的过程中受到的张力不变，开始收卷时半径小，要求电动机转得快，当收卷半径变大时，电动机转速变慢，因此采用转矩控制模式。

2）因要测量纸张的长度，故需编码器，假设编码器的分辨率是 1000 脉冲/转，安装编码器的轮子周长是 50mm，则纸张的长度和编码器输出脉冲的关系式是

$$编码器输出的脉冲数 = \frac{纸张的长度}{50} \times 1000 \times 1000 = 2 \times 10^6$$

2. 设计原理图

设计原理图如图 10-41 所示。

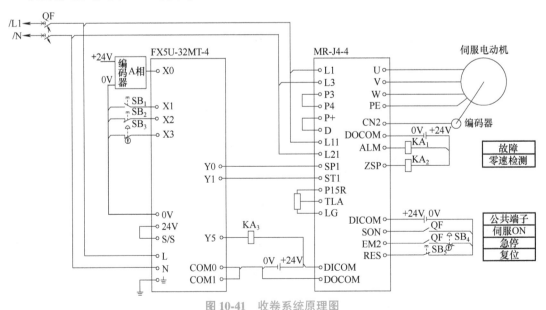

图 10-41　收卷系统原理图

3. 伺服驱动器的参数设置

伺服驱动器的参数设置见表 10-13。

表 10-13 伺服驱动器的参数设置（转矩控制）

参 数	名 称	出 厂 值	设 定 值	说 明
PA01	控制模式选择	0000	1004	设置成转矩控制模式
PA019	读写模式		000C	读写全开放
PC01	加速时间常数	0	500	500ms
PC02	减速时间常数	0	500	500ms
PC05	内部速度 1	100	1000	1000r/min
PD01	用于设定 SON、LSP、LSN 的自动置 ON	0000	0C04	SON、LSP、LSN 内部自动置 ON
PD03	输入信号选择	0002	2202	速度 1 模式

4. 编写程序

编写程序如图 10-42 所示。

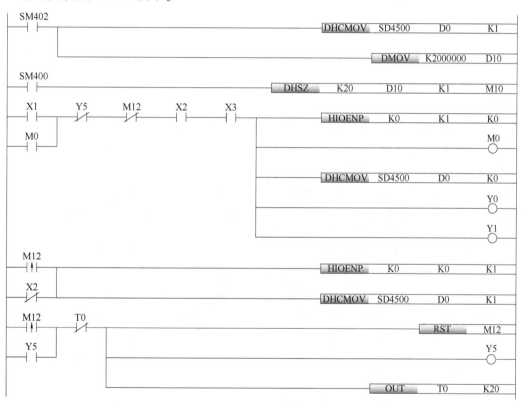

图 10-42 收卷系统程序

10.3 直流电动机控制

10.3.1 直流电动机的基本概念

直流电动机将直流电能转变为机械能，是最早发明的电动机。它具有调速范围广，易于平滑调速，起动转矩、制动转矩、过载转矩均比较大，易于控制，可靠性高等特点。直流电动机具有极好的运动性能和控制特性，尽管它不如交流电动机那样结构简单、价格便宜、制造方便、维护容易，但是直流调速仍然是自动调速系统中的主要形式。在我国许多工业部门，如轧钢、矿山采掘、海洋钻探、金属加工、纺织、造纸，以及高层建筑等需要高性能可控电力拖动，因此仍然广泛采用直流调速系统。而且，直流调速系统在理论和实践上都比较成熟，从控制技术角度来看，它又是交流调速系统的基础。

直流电动机主要由定子和转子构成，定子和转子靠两个端盖连接，两个端盖分别固定在定子机座的两端，支撑着转子，起保护定子和转子的作用。定子主要包括机座、主磁极、换向极和电刷装置等；转子主要包括电枢铁心、电枢绕组、换向器、风扇、转轴、轴承等。

直流电动机的励磁方式主要有：

1）他励式：直流电源独立供电，主磁场由永久磁铁建立，与电枢电流无关。
2）并励式：励磁绕组与电枢绕组并联，励磁绕组上的电压与电枢绕组的端电压相同。
3）串励式：励磁绕组与电枢绕组串联，励磁电流与电枢绕组的电流相同。
4）复励式：主磁极铁心上装有两套励磁绕组分别与电枢绕组并联、串联。

10.3.2　直流电动机的基本工作原理

直流电动机是将直流电能转变为机械能的电动机。将直流电动机转子的电刷 A、B 接在直流电源上，假设电刷 A 是正电位，B 是负电位，在 N 极范围内的导体 ab 中的电流是从 a 流向 b，在 S 极范围内的导体 cd 中的电流是从 c 流向 d，如图 10-43a 所示。由于载流导体在磁场中要受到电磁力的作用，因此 ab 和 cd 两导体都要受到电磁力的作用。根据磁场方向和导体中的电流方向，导体受力的方向用左手定则确定，ab 边受力的方向是向左，而 cd 边则是向右。这一对电磁力形成了作用于电枢的一个力矩，这个力矩在旋转电机里称为电磁转矩，转矩的方向是逆时针方向，企图使电枢逆时针方向转动，线圈就受到了电磁力的作用而按逆时针方向转动了。当线圈转到磁极的中性面上时，线圈中的电流等于零，电磁力等于零，但是由于惯性的作用，线圈继续转动。线圈转过 180° 之后，导体 cd 转到 N 极下，导体 ab 转到 S 极下时，由于直流电源供给的电流方向不变，仍从电刷 A 流入，经导体 cd、ab 后，从电刷 B 流出。ab 边转到 S 极范围内，cd 边转到 N 极范围内，虽然 ab 与 cd 的位置调换了，但是，由于换向片和电刷的作用，电磁力 F 的方向仍然不变，线圈仍然受力按逆时针方向转动，如图 10-43b 所示。因此，电枢一经转动，由于换向器配合电刷对电流的换向作用，直流电流交替地由导体 ab 和 cd 流入，使线圈边只要处于 N 极下，其中通过电流的方

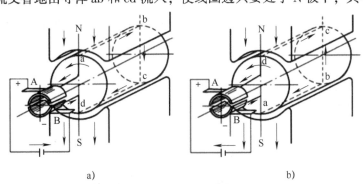

a)　　　　　　　　　　b)

图 10-43　直流电动机基本工作原理图

向总是由电刷 A 流入的方向，而在 S 极下时，总是从电刷 B 流出的方向。这就保证了每个极下线圈边中的电流始终是一个方向，从而形成一种方向不变的转矩，使电动机能连续地旋转。

从以上的分析可以看到，要使线圈按照一定的方向旋转，关键问题是当导体从一个磁极范围内转到另一个异性磁极范围内时（也就是导体经过中性面后），导体中电流的方向也要同时改变，换向器和电刷就是完成这个任务的装置。当然，在实际的直流电动机中，也不只有一个线圈，而是有许多个线圈牢固地嵌在转子铁心槽中，当导体中通过电流，在磁场中因受力而转动时，就带动了整个转子旋转。

10.3.3　直流电动机的调速控制方法

直流电动机转速的表达式为

$$n = \frac{U - IR}{K\Phi}$$

式中，U 是电枢端电压；I 是电枢电流；R 是电枢电路总电阻；Φ 是每极磁通量；K 是与电动机结构有关的常数。

由上式可知，直流电动机转速的控制方法主要有三种：

1）调节电枢电压。改变电枢电压主要从额定电压往下降低电枢电压，从电动机额定转速向下变速，属于恒转矩调速方法。其动态响应快，对于要求在一定范围内无级平滑调速的系统来说，这种方法最好。

2）改变电动机主磁通，又称弱磁调速。保持直流电动机电枢电源电压不变、电枢回路电阻不变，电动机拖动负载转矩小于额定转矩时，减小励磁磁通，电动机转速升高。但是这种调速方法只能减弱磁通，使电动机从额定转速向上变速，调速范围为基速与允许最高转速之间，调速范围有限，属恒功率调速方法。该方法的优点是设备简单、调节方便、运行效率高，能够实现平滑调速，适合恒功率负载；缺点是动态响应较慢，励磁过弱时机械特性变软，转速稳定性差，调速范围小。现已很少单独使用，通常以非独立控制励磁的方式出现。

3）改变电枢电路电阻。他励、并励直流电动机在拖动负载运行时，保持电源电压及励磁电流为额定值，在电动机电枢回路外串不同的电阻进行调速。该方法的优点是系统结构简单、调节方便，但是只能有级调速，调速范围仅限于在基速与零速之间，平滑性差、机械特性软、效率低。因此，该方法适于小功率直流电动机开环控制且仅能有级调速。

比较上面三种直流调速方法可看出，改变电阻调速缺点很多，目前很少使用，仅在一些起重机、卷扬机及电车等调速性能要求不高或低速运转时间不长的传动系统中使用；弱磁调速范围不大，往往是和调压调速配合使用，在额定转速以上做小范围升速。因此，自动控制的直流调速系统往往以调节电枢电压调速为主，必要时把调压调速和弱磁调速配合使用。

改变电枢电压主要有三种方式：旋转变流机组、静止变流装置、脉宽调制（PWM）变换器（或称直流斩波器）。

1）旋转变流机组用交流电动机和直流发电机组成机组以获得可调直流电压，简称 G-M 系统，国际上统称 Ward-Leonard 系统，这是最早的调压调速系统。G-M 系统具有很好的调速性能，但系统复杂、体积大、效率低、运行有噪声、维护不方便。

2）20 世纪 50 年代，开始用汞弧整流器和闸流管组成的静止变流装置取代旋转变流机组，但到 50 年代后期又很快让位于更为经济可靠的晶闸管变流装置。采用晶闸管变流装置供电的直流调速系统简称 V-M 系统，又称静止的 Ward-Leonard 系统，通过控制电压的改变来改变晶闸管触发延迟角，进而改变整流电压的大小，达到调节直流电动机转速的目的。V-M 系统在调速性能、可靠性、经济性上都具有优越性，成为直流调速系统的主要形式。

3）脉宽调制（PWM）变换器又称直流斩波器，是利用功率开关器件通断实现控制，调节通断时间比例，将固定的直流电源电压变成平均值可调的直流电压，亦称 DC-DC 变换器。

绝大多数直流电动机采用开关驱动方式，开关驱动方式是使半导体功率器件工作在开关状态，通过脉宽调制（PWM）来控制电动机电枢电压，实现调速。

10.3.4　三菱 FX5U PLC 的直流电动机控制

要改变直流电动机的转速，只要改变直流电动机的电枢电压即可，本节的实例即以 PLC 的 PWM（脉宽调制）命令来控制直流电动机的电枢电压。三菱 PLC 的特殊功能指令中有脉宽调制命令，只要改变脉宽调制输出波形的脉宽，即可改变直流电压的大小。

实例采用 L298N 直流电动机驱动的集成驱动器，其接+5V 输入电源，有两路输出，L 代表左侧输出，R 代表右侧输出，EN 为使能端，N1 为正转控制信号端，N0 为反转控制信号端，R+、R-为直流输出信号端，分别接直流电动机的正负极。

基于 PLC 控制的直流电动机调速控制电路的 I/O 分配表见表 10-14。

表 10-14　直流电动机脉宽调速 I/O 分配表

输　入　点		输　出　点	
X1	起动	COM1	DC +5V
X2	正转	Y0	EN
X3	反转	Y1	N1
X4	增速	Y2	N0
X5	减速		
X6	停止		

图 10-44 是基于三菱 FX5U 系列 PLC 控制的直流电动机脉宽调速控制电路原理图，X1 作为起动信号，按下 X2 电动机正转，按下 X3 电动机反转，按下 X4 电动机速度增加，按下 X5 电动机减速，断开 X6 电动机停止运行，Y0 接驱动器的使能端 EN，Y1 接驱动器的正转控制端，Y2 接驱动器的反转控制端，驱动器的 R+、R-分别接直流电动机的正负极。

利用 PLC 的 PWM 功能指令，可在 PLC 的相应输出端输出占空比可调的 PWM 信号。PWM 信号作用于驱动电路，控制加在直流电动机电枢上的电压，实现直流电动机的 PWM 调速。

PLC 产生的 PWM 信号从 Y0 输出端输出周期固定、脉冲宽度可调的脉冲信号。信号周期范围为 5～2147483647μs 或 1～2147483ms，周期设定值一般为偶数，否则会引起输出波形的占空比失真。脉冲宽度范围为 2～2147483647μs 或 1～2147483ms，占空比为 0～100%。当脉冲宽度大于或等于周期时，输出将连续接通；当脉冲宽度为 0 时，输出将一直被关断。

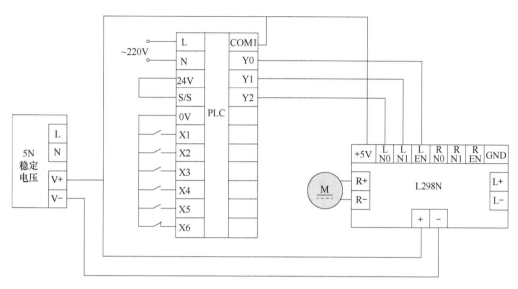

图 10-44　直流电动机脉宽调速控制电路原理图

高速 I/O 输出 PWM 参数设置如图 10-45 所示，参考控制程序如图 10-46 所示。程序中，D1 用来存储 PWM 信号的脉冲宽度，D2 用来存储 PWM 信号的输出周期，按下 X1，从 Y0 端输出占空比为 5% 的脉冲信号；按下 X2，Y1 接通，电动机正转；按下 X3，Y2 接通，电动机反转。每次按下 X4，D1 增加 50，从 Y0 端输出的脉冲信号的占空比增加 25%，直到脉冲宽度大于周期，输出将连续接通；每次按下 X5，D1 减小 50，从 Y0 端输出的脉冲信号的占空比减少 25%，直到脉冲宽度为 0，输出将关断。

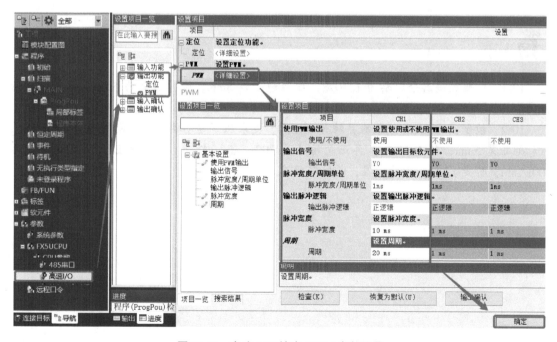

图 10-45　高速 I/O 输出 PWM 参数设置

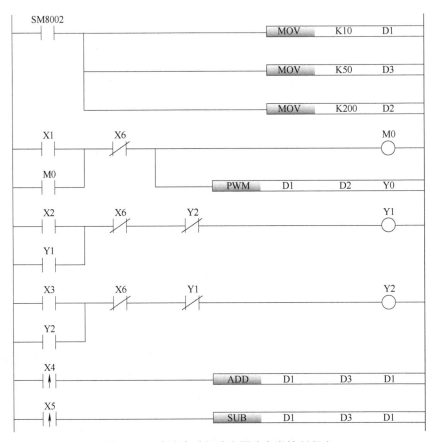

图 10-46　直流电动机脉宽调速参考控制程序

 习题与思考题

10-1　伺服编码器分辨率为 131072，丝杠螺距是 5mm，脉冲当量为 5μm，计算电子齿轮比。

10-2　控制器为 FX5U，伺服系统为 MR-J4，要求压下起动按钮，正向转速为 100r/min，丝杠螺距是 5mm，行走 10cm；再正向转速为 200r/min，行走 5cm，停 2s；再反向转速为 100r/min，行走 15cm。设计方案，并编写程序。

第 11 章

三菱FX5U PLC通信技术基础

本章导读

作为一款功能强大的控制器，三菱 FX5U PLC 不仅具有基本的逻辑运算能力，还集成了通信接口及相应的通信协议。通过这些接口，PLC 与其他设备可以非常方便地进行组网，实现高速、稳定的数据交换，从而提高自动控制系统中各个站点的工作效率，降低生产成本。

本章将主要介绍三菱 FX5U PLC 各种协议的通信原理以及具体的应用。在介绍三菱 FX5U PLC 通信方法之前，先来了解一下通信的基础知识。

11.1 通信基础知识

广义上来说，通信就是信息的传递。根据信号方式的不同，通信可分为模拟通信和数字通信。什么是模拟通信呢？比如，在电话通信中，用户线上传送的电信号是随着用户声音大小的变化而变化的，这个变化的电信号无论在时间上还是在幅度上都是连续的，这种信号称为模拟信号。在用户线上传输模拟信号的通信方式称为模拟通信。数字信号与模拟信号不同，它是一种离散的、脉冲有无的组合形式，是负载数字信息的信号。电报信号就属于数字信号。现在最常见的数字信号是幅度取值只有两种（用 0 和 1 代表）的波形，称为二进制信号。数字通信是指用数字信号作为载体来传输信息，或者用数字信号对载波进行数字调制后再传输的通信方式。

数字通信与模拟通信相比具有明显的优点：首先是抗干扰能力强，只要噪声绝对值不超过某一门限值，接收端便可判别脉冲的有无，以保证通信的可靠性；其次是远距离传输仍能保证质量。因此，数字通信成为近年来通信领域研究的重点。

数字通信有时也称为数据通信。它是把数据的处理和传输合为一体，实现数字信息的接收、存储、处理和传输，并对信息流加以控制、校验和管理的一种通信形式。计算机与通信线路及设备结合起来实现人与计算机、计算机与计算机之间的通信，不仅使各用户计算机的利用率大大提高，而且极大地扩展了计算机的应用范围，并使各用户实现计算机软硬件资源与数据资源的共享。对计算机的远距离实时控制和对数据的远距离收集等工作，也可以利用数据通信来进行。下面先来了解一下关于通信的一些常用概念。

11.1.1 常用术语

1. 信息和数据

信息是消息所包含的内容，它的载体是数字、文字、语音、图形、图像等。计算机及其外部设备产生和交换的信息都是以二进制的代码来表示的字母、数字或控制符号。

数据是传输的二进制代码，它是传递信息的载体。

数据与信息的区别在于，数据仅涉及事物的表示形式，而信息涉及这些数据的内容和解释。

2. 比特率

在数字信道中，比特率是数字信号的传输速率，它用单位时间内传输的二进制代码的有效位（bit）数来表示，单位为比特/秒（bit/s）、千比特/秒（kbit/s）或兆比特/秒（Mbit/s）来表示（此处 k 和 M 分别为 1000 和 1000000，而不是涉及计算机存储器容量时的 1024 和 1048576）。

3. 波特率

波特率指数据信号对载波的调制速率，它用单位时间内载波调制状态改变次数来表示，单位为波特（Baud）。波特率与比特率的关系为：比特率＝波特率×单个调制状态对应的二进制位数。

显然，两相调制（单个调制状态对应 1 个二进制位）的比特率等于波特率，四相调制（单个调制状态对应 2 个二进制位）的比特率为波特率的 2 倍，八相调制（单个调制状态对应 3 个二进制位）的比特率为波特率的 3 倍，依次类推。

4. 信道容量

信道容量指单位时间内信道上所能传输的最大比特数，单位为 bit/s。

5. 基带信号与基带传输

基带信号（Baseband Signal）直接用两种不同的电压来表示数字信号 1 和 0，因此将对应矩形电脉冲信号的固有频率称为"基带"，相应的信号称为基带信号。

基带传输（Baseband Transmission）指通过有线信道直接传输基带信号，一般用于传输距离较近的数字通信系统，如基带局域网系统。

6. 宽带信号

宽带信号（Wideband Signal）用多组基带信号 1 和 0 分别调制不同频率的载波，并由这些分别占用不同频段的调制载波组成。

11.1.2　常用通信介质

传输介质在自动控制设备、计算机、计算机网络设备间起互连和通信作用，为数据信号提供从一个节点传送到另一个节点的物理通路。网络中采用的传输介质可分为有线和无线传输介质两大类。就目前来说，有线网络的应用还是比较广泛的，但是无线通信应该是以后发展的方向。有线的通信介质主要有双绞线、同轴电缆和光纤等。

1. 双绞线

双绞线（Twisted Pair）是把两条互相绝缘的铜导线扭绞起来组成的一条通信线路，它既可减少流过电流所辐射的能量，也可防止来自其他通信线路上信号的干扰。双绞线分屏蔽和无屏蔽两种。双绞线的线路损耗较大，传输速率低，但价格便宜，容易安装，常用于对通信速率要求不高的网络连接中。

2. 同轴电缆

同轴电缆（Coaxial Cable）由一对同轴导线组成。同轴电缆频带宽，损耗小，具有比双绞线更强的抗干扰能力和更好的传输性能。按特性阻抗值不同，同轴电缆可分为基带（用于传输单路信号）和宽带（用于同时传输多路信号）两种。同轴电缆是目前局域网与有线电视网中普遍采用的比较理想的传输介质。

3. 光纤

目前，在计算机网络中十分流行使用易弯曲的石英玻璃纤维来作为传输介质，它以介质中传输的光波（光脉冲信号）作为信息载体，因此又称为光导纤维，也称光纤（Optical Fiber）或光缆（Optical Cable）。

光缆由能传导光波的石英玻璃纤维（纤芯），外加包层（硅橡胶）和保护层构成。在光缆一头的发射器使用发光二极管（Light Emitting Diode, LED）或激光（Laser）来发射光脉冲，在光缆另一头的接收器使用光敏半导体管探测光脉冲。

4. 无线通信

无线通信是通过电磁波代替电缆、光纤等有线介质来传输信号的。无线通信为通信领域打开了一个广阔的天地，人们不再为敷设、维护繁杂的电缆而苦恼，在无线网络覆盖区域，随时随地可以进行通信，方便、自由，降低了组网成本。

11.1.3　数据通信方式

在数据通信中，信息的基本通信方式可分为并行通信和串行通信。在自动控制系统中，串行通信以成本低廉、抗干扰能力强等优点得到了广泛的使用。串行通信又可分为单工通信、半双工通信和全双工通信。

1. 并行通信

一条信息的各位数据被同时传送的通信方式称为并行通信。并行通信的特点：各数据位同时传送，传送速度快、效率高，但是抗干扰能力差，有多少数据位就需要多少数据线，如图 11-1 所示。这种方式传送成本高，且只适用于近距离（相距数米）的通信，如在计算机内部的数据通信通常以并行方式进行。

2. 串行通信

一条信息的各位数据被逐位按顺序传送的通信方式称为串行通信。串行通信的特点：各数据位按顺序传送，一般只需要两根传输线，因此成本低，但传送速度慢。串行通信的通信距离可以从几米到几千米。图 11-2 所示为串行通信的示意图。

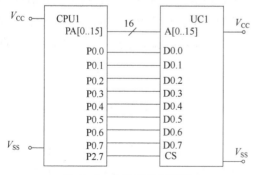

图 11-1　并行通信示意图

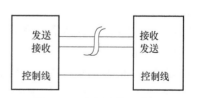

图 11-2　串行通信示意图

从图 11-2 中可以看出，串行通信只需发送和接收两根线，数据位按顺序逐位传送，这样要比并行通信省去许多电缆。

（1）单工通信

单工通信是指只允许数据在一个方向上传输，又称为单向通信，如无线电广播和电视广播都是单工通信，目前，这种方式在通信中已很少使用。

（2）半双工通信

半双工通信允许数据在两个方向上传输，但在任何一个时刻，只允许数据在一个方向上传输，它实际上是一种可切换方向的单工通信。这种方式一般用于计算机网络的非主干线路中，通常所说的 RS-485 接口通信即属于半双工通信。

如图 11-3 所示，在控制线的作用下，在某个时刻，或者是 A 向 B 发送数据，B 接收；或者是 B 向 A 发送数据，A 接收。

（3）全双工通信

全双工通信允许数据同时在两个方向上传输，又称为双向同时通信，即通信的双方可以同时发送和接收数据，如现代电话通信提供了全双工传送。这种通信方式主要用于计算机与计算机之间的通信，通常所说的 RS-422 接口通信和 RS-232 接口通信就属于全双工通信。全双工通信的示意图如图 11-4 所示。

图 11-3　串行半双工通信示意图　　　　　图 11-4　串行全双工通信示意图

11.1.4　串行通信接口标准

常用的串行数据接口标准主要有 RS-232、RS-422 与 RS-485 等，最初都是由电子工业协会（EIA）制定并发布的。RS-232 在 1962 年发布，命名为 EIA-232-E，作为工业标准，可保证不同厂家产品之间的兼容。RS-422 由 RS-232 发展而来，它是为弥补 RS-232 通信距离短、速率低等不足而提出的。为扩展应用范围，EIA 又于 1983 年在 RS-422 基础上制定了 RS-485 标准，增加了多点、双向通信能力，即允许多个发送器连接到同一条总线上，同时增加了发送器的驱动能力和冲突保护特性，扩展了总线共模范围，后命名为 TIA/EIA-485-A 标准。由于 EIA 提出的建议标准都是以 "RS" 作为前缀的，所以在通信工业领域，仍然习惯将上述标准以 RS 作前缀称谓。

1. RS-232C 接口

RS-232C 主要应用在计算机和控制设备的通信中。RS-232C 接口标准对信号的电平、物理接口等做了明确的规定。

RS-232C 一般使用 9 针或 25 针的接口，外形呈 D，通常所用的是 D 型 9 针的接口，如图 11-5 所示。但是实际使用中多数只用到其中的 3 根线：发送、接收和公共地线。由于不需要同步信号，因此 RS-232C 采用的是全双工异步通信。RS-232C 使用负逻辑，用 $-15V \sim -5V$ 表示 "1"，而用 $+5V \sim +15V$ 表示 "0"，最大通信距离一般在 15m 左右，传输速率最高为 20kbit/s，且只能进行一对一通信。

2. RS-422 接口

RS-422 接口采用 4 根线来传输数字信号，如图 11-6 所示。其中，2 根线作为发送数据用，另外 2 根线作为接收数据用。作发送数据用的 2 根线分别用 TX+ 和 TX- 表示；作接收数据用的 2 根线分别用 RX+ 和 RX- 表示。RS-422 接口不使用公共线。

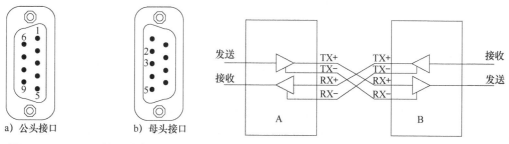

图 11-5　RS-232C 接头排序示意图　　　　图 11-6　RS-422 接线示意图

与 RS-232C 接口不同的是，RS-422 接口只有电气标准，外形上没有物理标准，可以是 D 型的，也可以是普通的端子排形式。

TX+ 和 TX-、RX+ 和 RX- 均采用差分平衡驱动电路来传输数字信号 "1" 或者 "0"。TX+ 和 TX- 发送的信号互为反相，若两者差值高于某个既定的电平信号则认为线路发送的是信号 "1"，若两者差值低于另一个既定的电平信号则认为线路发送的是信号 "0"。这个既定电平信号由电路事先规定。RX+ 和 RX- 的情况同 TX+ 和 TX-。通过 TX+ 和 TX-、RX+ 和 RX-，线路可以同时实现数据的发送和接收，因此 RS-422 属于全双工通信。

由于采用了差分平衡传输，RS-422 抗共模干扰的能力远远大于 RS-232C，传输距离和传输速率也大大增加。当传输速率达到最大 10Mbit/s 时，传输距离仅有 12m；当传输速率为 100kbit/s 时，最大传输距离可达到 1200m。

3. RS-485 接口

如图 11-7 所示，RS-485 接口的传输线通常仅有 2 根，分别用 A+、B- 来表示。逻辑 "1" 以 A+、B- 两线间的电压差为 +（2~6）V 表示；逻辑 "0" 以两线间的电压差为 -（2~6）V 表示。RS-485 采用的也是差分平衡传输，但是在同一时刻，电路上只能发送或只能接收，所以 RS-485 是半双工通信。除了抗共模干扰能力强，RS-485 的最大优点就是仅采用 2 根信号线，极大地降低了通信成本。

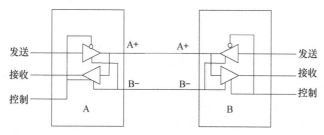

图 11-7　RS-485 接线示意图

通过 RS-485 接口和双绞线可以组成串行网络，实现远距离传输，且每个子网内可以分布 32 个站，若利用 RS-485 中继器则可以连接更多的站点。

RS-422 与 RS-485 标准只对接口的电气特性做出规定，而不涉及接插件、电缆或协议，在此基础上用户可以建立自己的高层通信协议。因此无论在工业场合（如制造业、过程控制）还是日常民用（如视频监控），许多厂家都建立了一套高层通信协议，或公开或厂家独

193

家使用。基于 RS-485 通信的现场总线技术在生产制造、过程控制、运动控制、人机接口（HMI）等领域发挥着重要作用，如 PROFIBUS、DeviceNet、CAN 等就是各厂家根据不同的应用场合开发的现场总线通信协议。

11.1.5 通信网络

通信并不局限于点到点的形式，更多的情况是要实现多点通信。这就需要按照一定的规则来组建网络以实现资源的共享。

网络就是用双绞线、光纤等传输介质将各个孤立的工作站或主机连接在一起，组成的数据链路，从而达到资源共享和通信的目的。通信主机、通信协议、连接主机的物理链路是网络必不可少的三大组成部分。

1. ISO/OSI 网络参考模型

对于网络的架构，国际标准化组织 ISO 提出了一个 OSI 七层网络参考模型：

第一层为物理层，即物理通信设备，在该层通信信道上传输的是原始比特流；

第二层为数据链路层，主要任务是加强物理层传输原始比特流的功能，使之对网络层显现为一条无错线路，其以帧为单位传输数据；

第三层为网络层，对子网进行运行控制，其中一个关键问题是确定分组从数据源端到目的地如何选择路由；

第四层为传输层，基本功能是从会话层接收数据，并且在必要时把它分成较小的单元传输给网络层，并且确保到达对方的各段信息正确无误，而且这些任务都必须高效率的完成；

第五层为会话层，允许不同机器上的用户建立会话关系；

第六层为表示层，完成某些特定的功能，由于这些功能常被请求，因此人们希望找到通用的解决办法，而不是让每个用户来实现；

第七层为应用层，包含大量人们普遍需要的协议。

ISO/OSI 七层网络结构仅仅是一种参考模型。这个模型首先是一个计算机系统互联的规范，是指导生产厂家和用户共同遵守的中立的规范；其次这个规范是开放的，任何人均可以免费使用；再次这个规范是为开放系统设计的，使用这个规范的系统必须向其他使用这个规范的系统开放；还有，这个规范仅供参考，可在一定的范围内根据需要进行适当调整。目前许多网络包括互联网使用的都是基于 TCP/IP 的网络结构。

2. TCP/IP 的网络结构

TCP/IP（Transmission Control Protocol/Internet Protocol）即传输控制/网际协议，又叫网络通信协议，是在 20 世纪 60 年代由麻省理工学院和一些商业组织为美国国防部开发的，它是一种面向可靠连接的网络协议，即便遭到核攻击而破坏了大部分网络，TCP/IP 仍然能够维持有效的通信。这个协议也是 Internet 国际互联网络的基础。

TCP/IP 是互联网中使用的最普遍的通信协议。虽然从名字上看 TCP/IP 包括两个协议，传输控制协议（TCP）和网际协议（IP），但 TCP/IP 实际上是一组协议，它包括上百个各种功能的协议，如远程登录、文件传输和电子邮件等，而 TCP 和 IP 是保证数据完整传输的两个基本的重要协议。通常说 TCP/IP 是 Internet 协议族，而不单单是 TCP 和 IP。

TCP/IP 同时具备了可扩展性和可靠性的需求，但是牺牲了速度和效率。Internet 公用化以后，人们开始发现全球网的强大功能。Internet 的普遍性是 TCP/IP 至今仍然使用的原因。用户常常在没有意识到的情况下，就在自己的 PC 上安装了 TCP/IP 站，从而使该网络协议在全球应用最广。

基于 TCP/IP 的网络并没有使用 OSI 网络模型中的全部七层,其实仅使用了四层:物理层、数据链路层、网络层及应用层。这种简化型的网络结构加快了网络的传输速度,扩大了网络的应用范围,以前以太网仅仅应用在像办公室这样的环境下,而如今,工业以太网技术日渐成熟,不仅在企业管理、车间调度,甚至在现场设备之间都可以通过 TCP/IP 来实现数据的高速传输。

3. 网络类型

根据拓扑结构,网络可分为总线型、星形、环形、树形;而按照地域,可分为城域网、广域网、局域网等。局域网是最常见、应用最广的一种网络,大家在工作中组建的几乎都是局域网。现在局域网随着整个计算机网络技术的发展和提高得到充分的应用和普及,几乎每个单位都有自己的局域网,甚至有的家庭都有自己的小型局域网。局域网在计算机数量配置上没有太多的限制,少的可以只有两台,多的可达几百台。这种网络的特点是连接范围窄、用户数少,但是配置容易、连接速率高。IEEE 的 802 标准委员会定义了多种主要的局域网:以太网(Ethernet)、令牌环网、光纤分布式接口网络、异步传输模式网以及无线局域网。

11.2　三菱 FX 系列 PLC 的 N:N 网络通信

11.2.1　N:N 网络通信功能简介

简易 PLC 间链接也叫 N:N 通信网络,使用此通信网络通信,PLC 能连接成一个小规模的数据系统。简易 PLC 间链接只需要进行简单配置,无需编写程序就可以实现 PLC 之间的通信。其功能如下:

1)根据要链接的点数,有 3 种模式可以选择:模式 0、模式 1 和模式 2。

2)在最多 8 台 FX5 可编程序控制器或 FX3 可编程序控制器之间自动更新数据连接。

3)总延长距离最长为 1200m(仅限全部由 FX5-485ADP 构成时),内置 RS-485 和通信板的最大传输距离为 50m。

4)对于连接用内部继电器(M)、数据寄存器(D),FX5 可以分别设定起始软元件编号。

简易 PLC 间链接的通信示意图如图 11-8 所示。

1)在图 11-8 中有 3 个站,主站地址为 0,从站 1 地址为 1,从站 2 地址为 2,地址可以在硬件中配置,地址不能重复,是唯一的。

2)对于 FX5 系列 PLC 的位软元件编号是可以根据需要修改的,如主站中的 M0 可以修改,但是对于 FX3 系列 PLC 的位软元件编号是不能修改的,如 M1000 的定义是固定的。

3)0 号站的 M0~M63 自动传送到从站 1 的 M200~M263,从站 1 的 M264~M327 自动传送到主站 0 的 M64~M127。

4)对于 FX5 系列 PLC 的字软元件编号是可以根据需要修改的,如主站中的 D100 可以修改,但是对于 FX3 系列 PLC 的字软元件编号是不能修改的,如 D0 的定义是固定的。

5)0 号站的 D100~D107 自动传送到从站 2 的 D0~D7,从站 2 的 D20~D27 自动传送到主站 0 的 D120~D127。

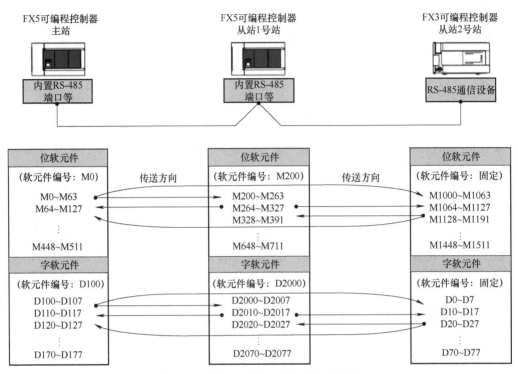

图 11-8　简易 PLC 间链接的通信示意图

11.2.2　系统构成

简易 PLC 间连接的通信端口可以使用内置 RS-485 端口、通信板、通信适配器。串行口的分配不受系统构成的影响，其通道的编号是固定的，如图 11-9 所示。内置 RS-485 端口固定为通道 1，通信板固定为通道 2，通信适配器编号离 CPU 模块近的为通道 3，远离 CPU 的通道号依次增加。1 台 CPU 模块中仅限 1 个通道可以使用简易 PLC 间链接。

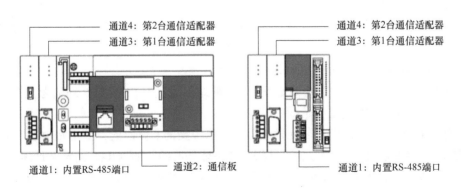

图 11-9　系统构成示意图

11.2.3　FX5U PLC 的简易 PLC 间链接应用

有两台 FX5U-32MT 可编程序控制器，其连线如图 11-10 所示，其中一台作为主站，另一台作为从站。当主站的 X0 接通后，从站的 Y2 控制的灯以 1s 为周期闪烁；主站的 X0 断开后，从站的 Y2 灯熄灭。从站的 X0 闭合后，主站的 Y2 灯亮；从站的 X0 断开后，主站的 Y2 灯熄灭。

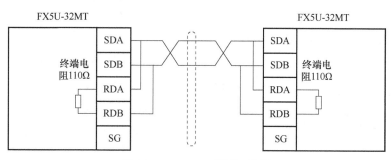

图 11-10　RS-485 半双工连线

1. 硬件配置

（1）主站的硬件配置

1）选择通信协议：在"导航"窗口中，打开"参数"→"FX5UCPU"→"模块参数"→"485 串口"，选择"简易 PLC 间链接"协议，如图 11-11 所示。

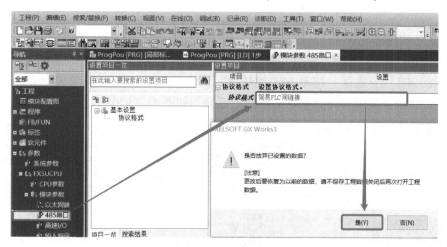

图 11-11　选择通信协议（简易 PLC 间链接）

2）固有设置：实际就是通信站的站地址设置，如图 11-12 所示。

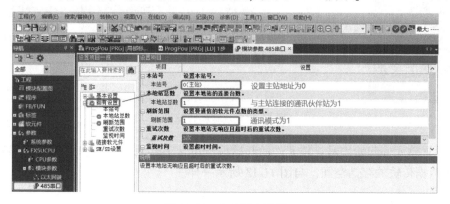

图 11-12　主站固有设置

3）设置软元件起始编号：软元件的起始编号包含字软元件编号和位软元件编号，实际就是用于数据传输的存储空间，如图 11-13 所示。

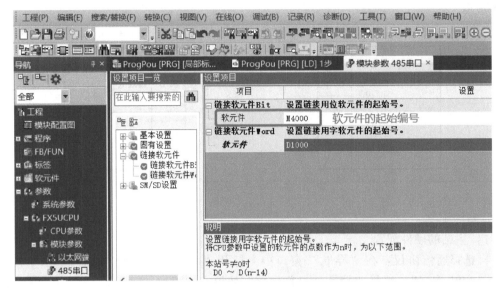

图 11-13　设置软元件的起始编号

（2）从站的硬件配置

1）选择通信协议：在"导航"窗口中，打开"参数"→"FX5UCPU"→"模块参数"→"485 串口"，选择"简易 PLC 间链接"协议，与图 11-11 所示类似。

2）固有设置：实际就是通信站的站地址设置，如图 11-14 所示。

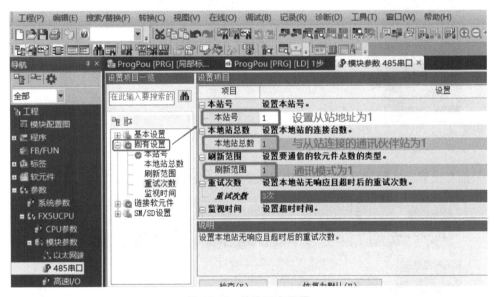

图 11-14　从站固有设置

3）设置软元件起始编号：软元件的起始编号包含字软元件编号和位软元件编号，实际就是用于数据传输的存储空间，与图 11-13 所示一样。

2. 编写程序

由于主站和从站的位软元件的起始编号是 M4000（见图 11-13），而通信模式采用的是模式 1（见图 11-12 和图 11-14），所以主站的 M4000～M4063 传送到从站的 M4000～M4063，而从站的 M4064～M4127 传送到主站的 M4064～M4127，这个过程是自动完成的，无需编写程序（硬件配置实现通信）。

主站程序如图 11-15 所示，当 X0 接通后，M4000 线圈上电，信号送到从站；从站程序如图 11-16 所示，从站的 M4000 闭合，Y2 控制的灯作周期为 1s 的闪烁。

图 11-16 中，当 X0 接通后，M4064 线圈上电，信号送到主站；图 11-15 中，主站的 M4064 闭合，Y2 控制的灯常亮。

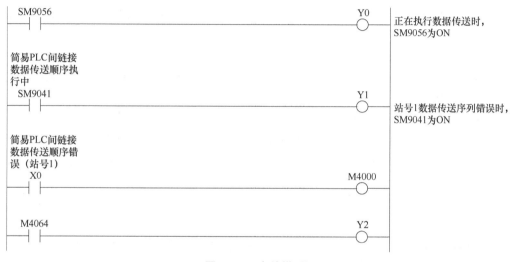

图 11-15　主站梯形图

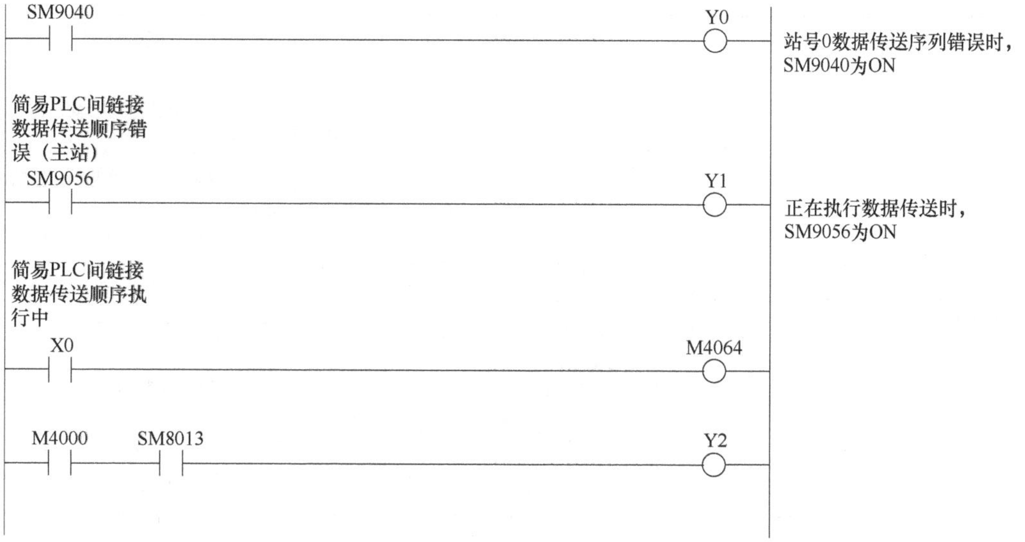

图 11-16　从站梯形图

11.3 三菱 FX 系列 PLC 的无顺序通信

11.3.1 无顺序通信功能简介

无顺序通信过去称为"无协议通信"，就是没有标准的通信协议，用户可以自己规定协议，但并非没有协议，有的 PLC 称之为"自由口"通信协议。

无顺序通信的功能主要是执行与打印机、条形码阅读器、变频器或者其他品牌的 PLC 等第三方设备之间的无顺序通信。在 FX5 系列 PLC 中使用 RS 或者 RS2 指令执行该功能，其中 RS2 是 FX5U 可编程序控制器的专用指令，通过指定通道，可以同时执行 2 个通道的通信。

下面详细介绍一下无顺序通信功能：

1）无顺序通信允许最多发送 4096 点数据，最多接收 4096 点数据，但发送和接收的总数据量不能超过 8000 点。

2）采用无协议方式，连接支持串行设备，可实现数据的交换通信。

3）使用 RS-232C 接口时，通信距离一般不大于 15m；使用 RS-485 适配器端口时，通信距离一般不大于 1200m，但若使用通信模块和内置 RS-485 端口时，最大通信距离是 50m。

11.3.2 无顺序通信功能指令

1. RS2 指令格式

RS2 由 CPU 模块的内置 RS-485 或安装于 CPU 模块上的通信板、通信适配器，以无顺序通信方式执行数据的发送和接收。RS2 指令格式含义见表 11-1。

表 11-1　RS2 指令格式含义

梯　形　图	软　元　件	软元件含义
	字：T、ST、C、D、W、SD、SW、R	s：发送数据的起始软元件
		d：保存接收数据的起始软元件
RS2 (s) (n1) (d) (n2) (n3)	位：X、Y、M、L、SM、F、B、SB、S 字：T、ST、C、D、W、SD、SW、R、Z、U\G 双字：LC、LZ 常数：H、K	n1：发送数据的点数
		n2：接收数据的点数
	常数：H、K	n3：通信通道

2. 无顺序通信功能中用到的软元件

无顺序通信功能中用到的软元件见表 11-2。

表 11-2 无顺序通信功能中用到的软元件

元件编号	名 称	内 容	属 性
SM8561	发送请求	置位后，开始发送	读/写
SM8562	接收结束标志	接收结束后置位，此时不接收结束能再接收数据，必须人工复位	读/写
SM8161	8 位处理模式	在 16 位和 8 位数据之间切换接收和发送数据，ON 时为 8 位模式，OFF 时为 16 位模式	写

11.3.3 三菱 FX5U PLC 与西门子 S7-200 SMART 之间的无顺序通信应用

除了 FX5 PLC 之间可以进行无顺序通信，FX5 PLC 还可以与其他品牌的 PLC、变频器、仪表和打印机等进行通信，要完成通信，这些设备应有 RS-232C 或者 RS-485 等形式的串口。西门子 S7-200 SMART PLC 与三菱的 FX5 系列 PLC 通信时，采用无顺序通信，但西门子公司称这种通信为"自由口通信功能"，实际上内涵是一样的。

下面以 CPU ST40 与三菱 FX5U-32MR 无顺序通信为例，讲解 FX5U PLC 与其他品牌 PLC 之间的无顺序通信。

1. 控制要求

有两台设备，设备 1 的控制器是 CPU ST40，设备 2 的控制器是 FX5U-32MR，两者之间为无顺序通信，实现设备 1 的 I0.0 起动设备 2 的电动机，设备 1 的 I0.1 停止设备 2 的电动机，请设计解决方案。

2. 主要软硬件配置

1）1 套 STEP 7-Micro/WIN SMART V2.4 和 GX Works3；

2）1 台 CPU ST40 和 1 台 FX5U-32MR；

3）1 根屏蔽双绞电缆（含 1 个网络总线连接器）；

4）1 根网线电缆。

3. 两台设备的接线（见图 11-17）

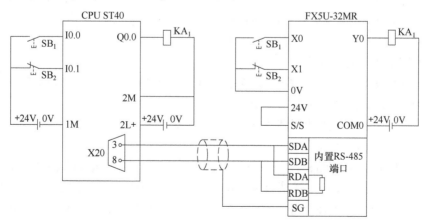

图 11-17 CPU ST40 与 FX5U-32MR 的接线图

网络的正确接线至关重要，具体有以下几方面：

1）CPU ST40 的 X20 口可以进行自由口通信，其 9 针的接头中，1 号引脚接地，3 号引脚为 RXD+/TXD+（发送+/接收+）公用，8 号引脚为 RXD-/TXD-（发送-/接收-）公用。

2）由于 CPU ST40 只能与一对双绞线相连，因此 FX5U-32MR 内置的 RS-485 端口的 RDA（接收+）和 SDA（发送+）短接，RDB（接收-）和 SDB（发送-）短接。

3）由于本例采用的是 RS-485 通信，所以两端需要接终端电阻，均为 120Ω，CPU ST40 端未画出（由于和 X20 相连的网络连接器自带终端电阻），若传输距离较近时，终端电阻可不接入。

4. 编写 CPU ST40 程序

CPU ST40 中的主程序如图 11-18 所示，子程序如图 11-19 所示，中断程序如图 11-20 所示。

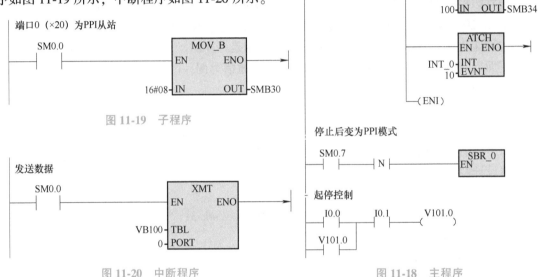

图 11-19　子程序

图 11-20　中断程序

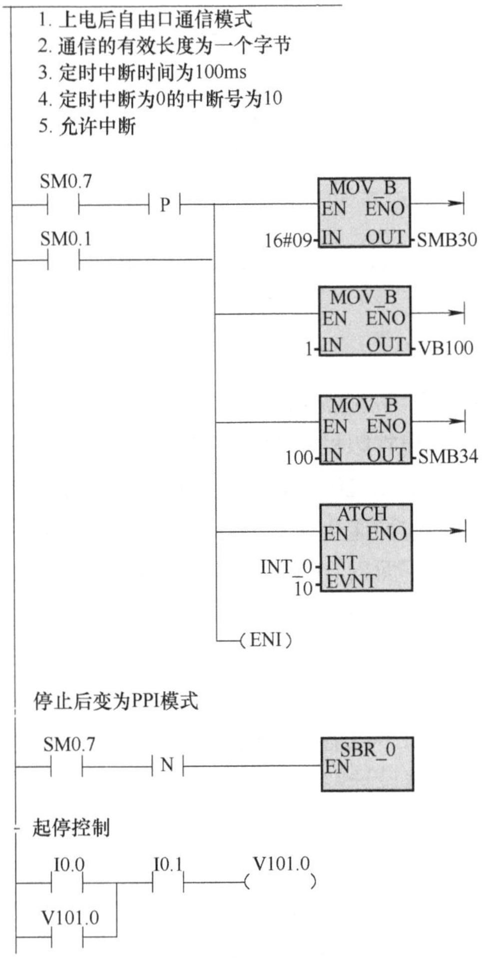

图 11-18　主程序

自由口通信每次发送的信息最少是一个字节，本例中将起停信息存储在 VB101 的 V101.0 位发送出去，VB100 存放的是发送有效数据的字节数。

5. FX5U-32MR 的硬件配置与程序编写

（1）FX5U-32MR 的硬件配置

1）选择通信协议：在"导航"窗口中，打开"参数"→"FX5UCPU"→"模块参数"→"485 串口"，选择"无顺序通信"协议，如图 11-21 所示。

2）固有设置：固有设置使用默认值，如图 11-22 所示。

（2）编写 FX5U-32MR 程序

FX5U-32MR 中的程序如图 11-23 所示。从 S7-200 SMART 发送来的数据存放在 D200 的第 0 位中。M100 闭合，激活发送请求 SM8561，信息从 D100 发送到 S7-200 SMART，发送完成后 SM8561 自动复位，不需要程序复位。FX5U 接收完成后，接收结束标志 SM8562 闭合，将 SM8562 复位，SM8562 需要程序复位。

以上的程序是单向传递数据，即数据只从 CPU ST40 传向 FX5U-32MR，因此程序相对而言比较简单。若要数据双向传递，则必须注意 RS-485 通信是半双工的，编写程序时要保证在同一时刻同一个站点只能接收或者发送数据。

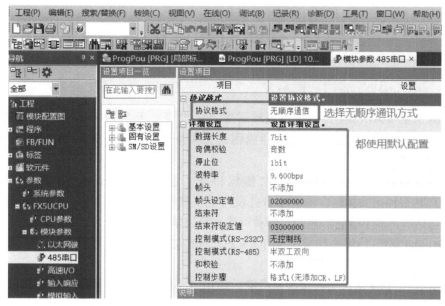

图 11-21　选择通信协议（无顺序通信）

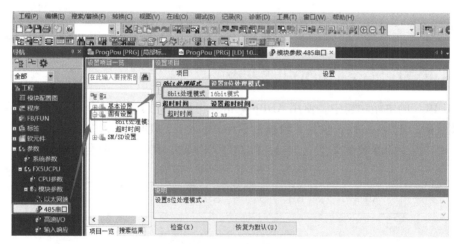

图 11-22　固有设置

图 11-23　FX5U-32MR 程序

203

11.4　三菱 FX 系列 PLC 的 MODBUS 通信

11.4.1　MODBUS 通信功能简介

MODBUS 是 MODICON 公司（后被施耐德公司收购）于 1979 年开发的一种通信协议，是一种工业现场总线协议标准。1996 年施耐德公司推出了基于以太网 TCP/IP 的 MODBUS 协议 MODBUS-TCP。

MODBUS 协议是一项应用层报文传输协议，包括 MODBUS-ASCII、MODBUS-RTU、MODBUS-TCP 三种报文类型，协议本身并没有定义物理层，只是定义了控制器能够认识和使用的消息结构，而不管它们是经过何种网络进行通信的。

标准的 MODBUS 协议物理层接口有 RS-232、RS-422、RS-485 和以太网口。串行通信采用 Master/Slave（主/从）方式通信。

MODBUS 在 2004 年成为我国国家标准。MODBUS-RTU 协议的帧规格见表 11-3。

表 11-3　MODBUS-RTU 协议的帧规格

地址字段	功能代码	数　据	出错检查（CRC）
1 个字节	1 个字节	0~256 个字节	2 个字节

11.4.2　FX5U PLC 的 MODBUS 指令

FX5U PLC 的主站功能中，使用 ADPRW 指令与从站进行通信。该指令可通过主站所对应的功能代码，与从站进行通信（数据的读取/写入）。ADPRW 指令的格式如图 11-24 所示，ADPRW 指令的参数含义见表 11-4。FX5U 所对应的 MODBUS 标准功能见表 11-5。

图 11-24　ADPRW 指令格式

表 11-4　ADPRW 指令的参数含义

操 作 数	内　　容	范　　围	数据类型	数据类型（标签）
（s1）	从站本站号	0~20H	带符号 BIN16 位	ANY16
（s2）	功能代码	01H~06H、0FH、10H	带符号 BIN16 位	ANY16
（s3）	与功能代码相应的功能参数	0~FFFFH	带符号 BIN16 位	ANY16
（s4）	与功能代码相应的功能参数	1~2000	带符号 BIN16 位	ANY16
（s5）/（d1）	与功能代码相应的功能参数		位/带符号 BIN16 位	ANY_ ELE-MENTARY
（d2）	输出指令执行状态的起始位软元件编号		位	ANYBIT-ARRAY

表 11-5　FX5U 所对应的 MODBUS 标准功能

功能代码	功能名	详细内容	1 个报文可访问的软元件数
01H	线圈读取	线圈读取（可以多点）	1~2000 点
02H	输入读取	输入读取（可以多点）	1~2000 点
03H	保持寄存器读取	保持寄存器读取（可以多点）	1~125 点
04H	输入寄存器读取	输入寄存器读取（可以多点）	1~125 点
05H	1 线圈写入	1 线圈写入（仅 1 点）	1 点
06H	1 寄存器写入	1 寄存器写入（仅 1 点）	1 点
0FH	多线圈写入	多线圈写入	1~1968 点
10H	多寄存器写入	多点的保持寄存器写入	1~123 点

用一个例子说明 ADPRW 指令的使用方法，如图 11-25 所示。

```
        M0
(0)  ┤├────────[ADPRW  H2   H1   K100  K8   D0   M10]      从站地址: 02H
                                                            功能码: 01H
        M11                                                 MODBUS地址: 100
     ┤├────────────────────────────────[RST  M0]           访问点数: 8
                                                            读取存储软元件到主
(19) ─────────────────────────────────────[END]            站D0的低8位
```

图 11-25　ADPRW 指令的使用方法

11.4.3　三菱 FX5U PLC 与条形码扫描器的 MODBUS 通信及其应用

有一台 FX5U-32MT 和一台条形码扫描器，采用 MODBUS 通信，用 FX5U-32MT 的内置 RS-485 采集条形码扫描器的数据，当扫描到图 11-26 所示的条形码时，点亮一盏灯，并将其单价 108 送入数据寄存器 D300 中。

1. 主要软硬件配置

1）1 套 GX Works3；

2）1 台 FX5U-32MT；

3）1 根网线电缆；

4）1 台条形码扫描器（配 RS-485 端口，支持 MODBUS-RTU 协议）。

2. 设计电气原理图

接线图如图 11-27 所示，采用 RS-485 的接线方式，通信电缆只需要两根屏蔽线。

ISBN 978-7-122-33852-5

9 787122 338525 >

定价: 108.00元

图 11-26　图书条形码

3. 通信参数设置

因为条形码扫描器采用的是 MODBUS-RTU 通信协议，其默认的从站地址是 1，波特率是 9600bit/s，无校验位，8 个数据位，1 个停止位。在本例中，没有修改这些通信参数，因此 FX5U-32MT 的参数必须与之匹配，否则不能通信。FX5U-32MT 的通信参数设置如图 11-28 所示。

4. 编写程序

扫码梯形图程序如图 11-29 所示。

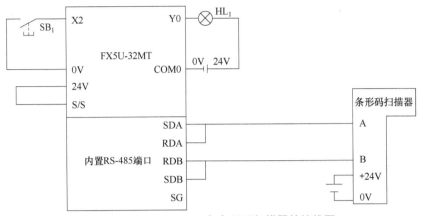

图 11-27　FX5U-32MT 与条形码扫描器的接线图

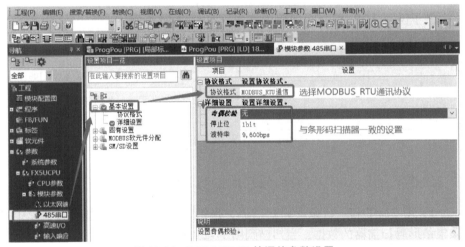

图 11-28　FX5U-32MT 的通信参数设置

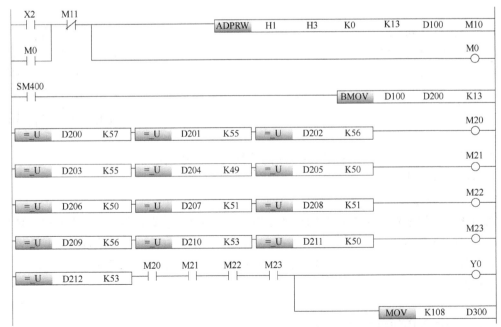

图 11-29　扫码梯形图

5. 调试程序

当程序调试运行正常时，在线查看 D100~D112，条形码的数值全部显示出来如图 11-30 所示。

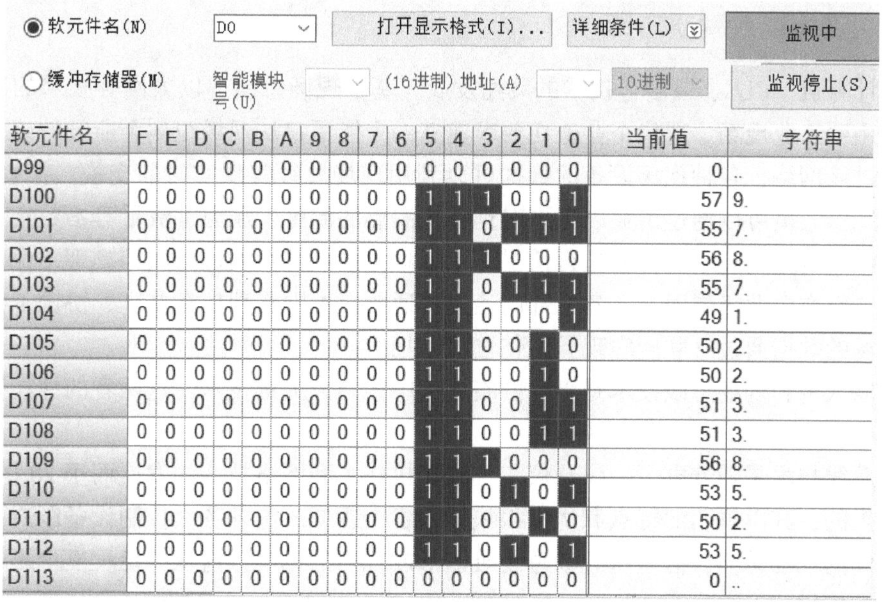

软元件名(N)
D0
打开显示格式(I)...
详细条件(L)
监视中
缓冲存储器(M)
智能模块号(U)
(16进制) 地址(A)
10进制
监视停止(S)
软元件名 F E D C B A 9 8 7 6 5 4 3 2 1 0 当前值 字符串
D99 0000000000000000 0 ..
D100 0000000000111001 57 9.
D101 0000000000110111 55 7.
D102 0000000000111000 56 8.
D103 0000000000110111 55 7.
D104 0000000000110001 49 1.
D105 0000000000110010 50 2.
D106 0000000000110010 50 2.
D107 0000000000110011 51 3.
D108 0000000000110011 51 3.
D109 0000000000111000 56 8.
D110 0000000000110101 53 5.
D111 0000000000110010 50 2.
D112 0000000000110101 53 5.
D113 0000000000000000 0 ..

图 11-30　在线监视 D100~D112 的数值

初学者编写此程序，有时出错但又找不到出错原因时，建议使用调试工具。例如，将条形码扫描器通过转换接头连接到计算机上，在计算机上运行“Modbus Poll”调试工具，只需要简单设置就可以采集到条形码扫描器的数据，如图 11-31 所示。如果能采集到图中的数据，说明条形码扫描器的站地址、波特率、奇偶校验等通信参数设置正确，硬件接线正确，条形码扫描器完好。

Modbus Poll - Mbpoll1
File Connection Setup Functions Display View Window Help
05 06 15 16 22 23 101
Mbpoll1
Tx = 490: Err = 266: ID = 1: F = 03: SR = 1000ms
40001 = 57 40014 = 0 40027 = 0 40040 = 0
40002 = 55 40015 = 0 40028 = 0
40003 = 56 40016 = 0 40029 = 0
40004 = 55 40017 = 0 40030 = 0
40005 = 49 40018 = 0 40031 = 0
40006 = 50 40019 = 0 40032 = 0
40007 = 50 40020 = 0 40033 = 0
40008 = 51 40021 = 0 40034 = 0
40009 = 51 40022 = 0 40035 = 0
40010 = 56 40023 = 0 40036 = 0
40011 = 53 40024 = 0 40037 = 0
40012 = 50 40025 = 0 40038 = 0
40013 = 53 40026 = 0 40039 = 0
For Help, press F1. For Edit, double click on a value.
Port 1: 9600-8-N-1

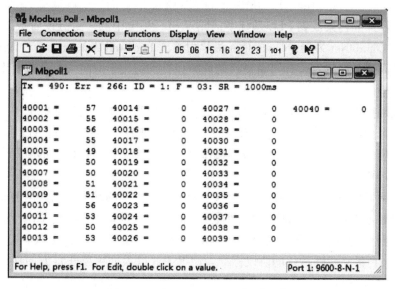

图 11-31　“Modbus Poll”调试工具

11.5 三菱 FX5U PLC 以太网通信

11.5.1 工业以太网通信简介

随着计算机、PLC、通信等技术的飞速发展，基于现场总线、以太网等技术的工业网络正逐渐应用到工业现场。现代企业迫切要求建立一个能覆盖从现场级到企业级的统一的工业网络，通过该网络，各种现场设备的数据可以利用现场总线实现实时的交换、报警、归档、打印等。工作人员可以通过工业以太网对远程控制点的温度、压力、流量等参数实现远程控制，并能够随时监控现场设备的执行情况，对远程控制点的数据进行归档整理、保存，随时准备调用；而在企业级层面上，各个部门通过普通的以太网实现信息共享、协调工作，甚至可以将现场的数据通过互联网实现异地传输与监控。

工业以太网和现场总线技术是工业网络通信中的两大关键技术，这两者的性能好坏直接影响了整个企业网络的稳定性和快速性。

现场总线技术是随着电子、仪器仪表、计算机技术和网络技术的发展而于 20 世纪 80 年代中期产生的，其以鲜明的特点和优点很快进入各个领域。国外各大控制设备制造商也相继开发了不同的现场总线，但这些现场总线难以形成统一的标准，这从一定程度上影响了现场总线的推广应用。

国际电工委员会 IEC 早在 1984 年就开始着手制定现场总线的国际标准，但十多年来，国际上一些大公司从自身利益出发，围绕着现场总线的国际标准问题进行了大战，其结局是以妥协而告终。至 1999 年底，国际标准的现场总线已有 12 种之多，包括过程现场总线 PROFIBUS、基金会现场总线 FF、LonWorks 总线、CAN 总线等，世界上许多自动化技术生产商都推出了支持某种主流现场总线标准的产品。

如今，PLC 在许多设备的控制系统中已得到广泛应用，现场总线的应用也要借助于 PLC。现场总线中，ControlNet、PROFIBUS 等本身就是 PLC 的主要供货商支持的，而且这些现场总线技术和产品已集成到 PLC 系统中，成为 PLC 系统中的一部分或者成为 PLC 系统的延伸部分。以 ControlNet 为例，ControlNet 最早由美国 Rockwell Automation 于 1995 年 10 月提出，它是一种高速、高确定性和可重复性的网络，特别适用于对时间有苛刻要求的复杂应用场合的信息传输。

工业以太网技术近年来得到了长足的发展，并已成为事实上的工业标准。一般来讲，工业以太网在技术上与商用以太网（IEEE 802.3 标准）兼容，但在产品设计时，在材质的选用、产品的强度、适用性、实时性、可互操作性、可靠性、抗干扰性和本质安全等方面是能够满足工业现场要求的。

随着以太网通信速率的不断提高和全双工交换式以太网的诞生，以太网的非确定性问题已经解决，使其不仅在企业级的生产管理甚至车间、现场设备中也得到了广泛应用。

工业以太网使用的协议包括 TCP/IP、UDP、ISO 协议等，其中以 TCP/IP 使用最为广泛，因为 TCP/IP 是互联网默认的协议标准，使得工业以太网可以非常方便地连接到互联网上。如今，许多 DCS 和 PLC 生产厂家纷纷在自己的产品上集成了符合 TCP/IP 的工业以太网接口或者推出连接工业以太网的专用模块。

11.5.2　三菱 FX5U PLC 与组态王以太网通信

组态王是新型的工业监控软件，能以动画的方式显示控制设备的状态，从而极大地提高了设计效率。本节将结合交通灯控制系统设计的实例详细介绍三菱 FX5U PLC 与组态王的通信。

1. 组态王概述

组态王（Kingview）是一款通用的工业监控软件，它将过程控制设计、现场操作及企业资源管理融于一体，将一个企业内部的各种生产系统和应用及信息交流汇集在一起，实现最优化管理。组态王基于 Microsoft Windows 操作系统，在企业网络所有层次的各个位置上，用户都可以及时获得网络的实时信息。采用组态王开发工业监控工程，可以极大地提高生产控制能力，提高产品的质量，减少成本及原材料的消耗。组态王适用于从单一设备的生产运营管理和故障诊断，到网络结构分布式大型集中监控管理系统的开发。

组态王软件由工程管理器、工程浏览器、运行系统和信息窗口 4 部分构成。其中，运行系统是工程运行界面，从采集设备中获得通信数据，并依据工程浏览器的动画设计显示动态画面，实现人与控制设备的交互操作；信息窗口用来显示和记录组态王开发与运行系统在使用期间的主要日志信息。下面主要介绍工程管理器和工程浏览器。

（1）工程管理器

在组态王中，建立的每个组态称为一个工程，每个工程反映到操作系统中是一个包括多个文件的文件夹。工程的建立则通过工程管理器实现。

组态王的工程管理器用来建立新工程，并对添加到其中的工程做统一的管理。工程管理器的主要功能包括新建、删除工程，对工程重命名，搜索组态王工程，修改工程属性，工程备份、恢复，数据词典的导入、导出，切换到组态王开发或运行环境等。

打开 Kingview，起动后的"工程管理器"窗口如图 11-32 所示，工程管理器的部分按钮功能见表 11-6。

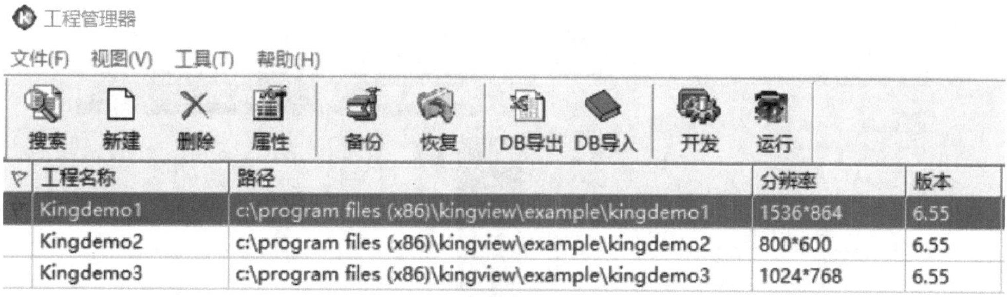

图 11-32　"工程管理器"窗口

表 11-6　工程管理器的部分按钮功能

按　钮	功　能
DB 导出	将组态王数据词典中的变量导出到 Excel 表格中，用户可在 Excel 表格中查看或修改变量的属性
DB 导入	将 Excel 表格中编辑好的数据或利用"DB 导出"命令导出的变量导入组态王数据词典中
开发	在工程列表区中选择任一工程后，单击此按钮进入工程的开发环境
运行	在工程列表区中选择任一工程后，单击此按钮进入工程的运行环境

（2）工程浏览器

工程浏览器是组态王的集成开发环境，和 Windows 的资源管理器类似，主要由菜单栏、工具栏、工程目录显示区、目录内容显示区、状态条等组成。工程目录显示区以树形结构图显示大纲项节点，用户可以扩展或收缩工程浏览器中所列的大纲项。双击工程管理器中所需要打开的工程，就可以进入对应的"工程浏览器"窗口，如图 11-33 所示。

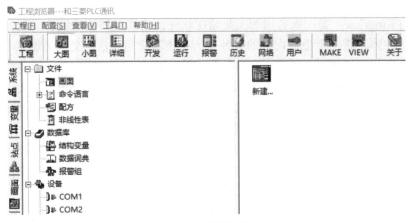

图 11-33 "工程浏览器"窗口

2. 三菱 FX5U PLC 与组态王通信实例

首先打开 GX Works3，新建工程，选取与 PLC 对应的系列和机型，程序语言按情况选定。接下来，按以下步骤完成三菱 FX5U PLC 与组态王的通信设置。

（1）PLC 和计算机通信设置

单击 GX Works3 软件界面中的"在线"→"当前连接目标"→"其他连接方法"，在"连接目标指定"界面中选取"以太网插板"和"CPU 模块"，如图 11-34 所示。双击"CPU 模块"弹出"CPU 模块详细设置"对话框，如图 11-35 所示。网线直连时，选择"以

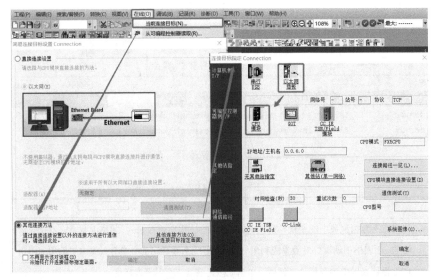

图 11-34 连接目标指定设置

太网端口直接连接"；若采用局域网，则选择"经由集线器连接"。若选择"经由集线器连接"，单击"搜索"按钮，对话框下方就会出现可访问的设备（PLC 出厂默认 IP 地址为192.168.3.250），确定好 IP 地址后，双击下方地址，并单击上方"IP 地址"输入，然后单击"确定"按钮，回到图 11-34 所示界面，并单击"通信测试"按钮，若正常连接，则弹出窗口提示"已成功与 FX5UCPU 连接"。

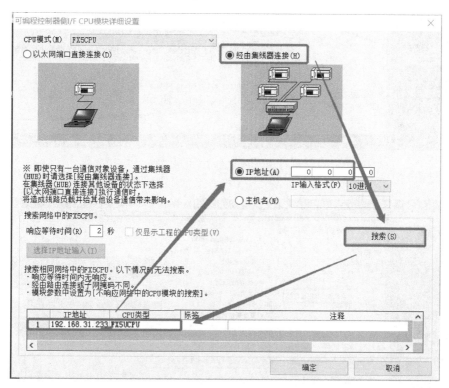

图 11-35 "CPU 模块详细设置"对话框

（2）PLC 的 IP 地址设置

1）在个人计算机的"控制面板"中找到"网络和 Internet"→"更改适配器设置"，右击"以太网"，单击"属性"，找到"TCP/IPv4"并双击，在弹出的对话框中设置 IP 地址、子网掩码和默认网关。用户可根据实际情况进行具体的设置，本项目个人计算机 IP 地址为 192.168.1.20。

2）自节点设置：在 GX Works3 软件界面左侧的"导航"窗口中，单击"参数"→"FX5UCPU"→"模块参数"，再双击"以太网端口"，在"设置项目"里的"自节点设置"中设置"IP 地址设置"，IP 地址设置要和 1）中个人计算机在同一个网段中，本项目PLC 的 IP 地址为 192.168.1.10，设置完端口后，单击"检查"按钮，再单击"应用"按钮，如图 11-36 所示。

3）对象设备连接配置设置：在图 11-37 中的"以太网端口"→"设置项目"里，双击"对象设备连接配置设置"，弹出"内置以太网端口"对话框，在对话框右侧选择"以太网设备（通用）"→"SLMP 连接设备"，将"SLMP 连接设备"拖入左下侧本站网络上，输入"端口号"，本项目设置端口号为 2000。设置完端口后，关闭此对话框，切记在图 11-37所示的"设置项目"下方单击"检查"按钮，再单击"应用"按钮。

211

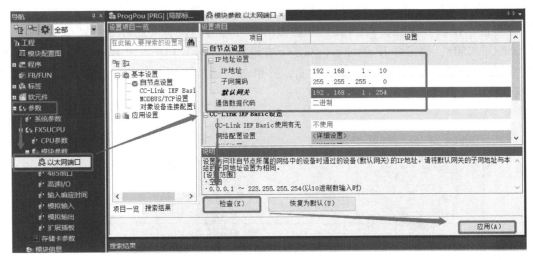

图 11-36 PLC 的 IP 地址设置

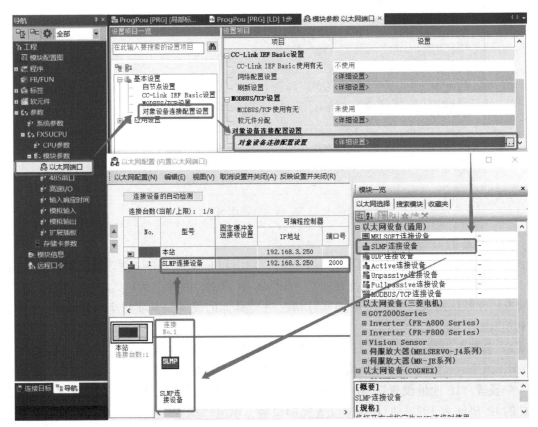

图 11-37 对象设备连接配置设置

（3）PLC 程序编写

1）交通灯示意图和交通灯时序图如图 11-38 所示。

2）PLC 的输入和输出地址定义见表 11-7 和表 11-8。

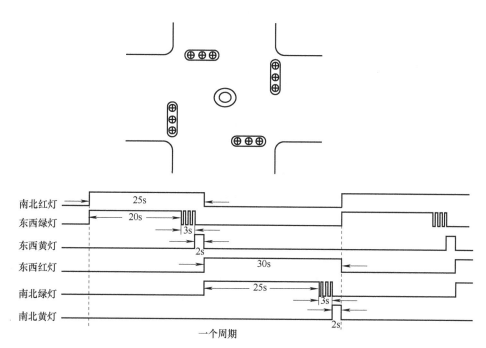

图 11-38 交通灯示意图和交通灯时序图

表 11-7 数字量输入地址定义

符 号	地 址	注 释
SB$_1$	X0	起动按钮
SB$_2$	X1	停止按钮

表 11-8 数字量输出地址定义

符 号	地 址	数 据 类 型	注 释
HL$_1$	Y0	BOOL	南北红灯
HL$_2$	Y1	BOOL	东西绿灯
HL$_3$	Y2	BOOL	东西黄灯
HL$_4$	Y3	BOOL	东西红灯
HL$_5$	Y4	BOOL	南北绿灯
HL$_6$	Y5	BOOL	南北黄灯

3）PLC 控制程序开发。

交通灯接线图如图 11-39 所示，参考程序如图 11-40 所示。程序和配置下载到 PLC 后，要对 PLC 进行复位或断电重新上电操作，否则配置将无法生效。

（4）组态王工程设计

1）在组态王中添加三菱设备。新建组态王工程，在"工程浏览器"窗口的左侧单击"设备"，双击"新建"，选择"设备驱动"→"PLC"→"三菱"→"Q_SERIAL_ETHER-NET_BINARY"→"ETHERNET"，如图 11-41 所示，单击"下一页"按钮，设置逻辑名称如图 11-42 所示，单击"下一页"按钮，选择使用的串口号如图 11-43 所示。

213

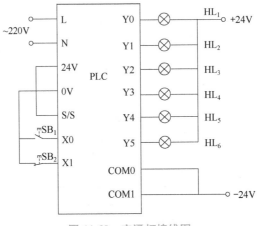

图 11-39　交通灯接线图

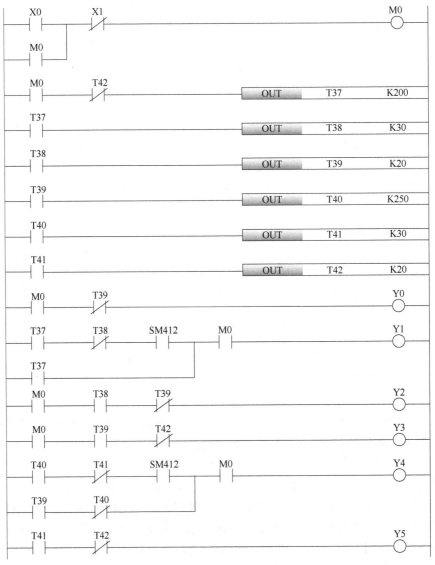

图 11-40　交通灯控制参考程序

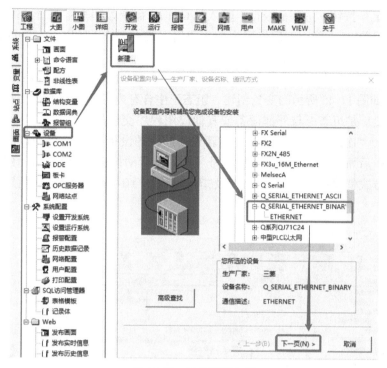

图 11-41　设备配置向导

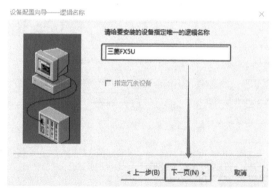

图 11-42　设备逻辑名称

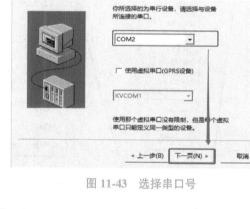

图 11-43　选择串口号

设备地址设置如图 11-44 所示，即在组态王软件中设置要通信的 PLC 地址。设备地址格式为"PLC 的 IP 地址：PLC 端口号（十六进制数）：本机端口号（十六进制数）：超时时间（十进制数，单位为秒）：通信方式（0 为 UDP，1 为 TCP）"。本项目 PLC 的 IP 地址是 192.168.1.10；PLC 端口号为 2000，转换为十六进制数是 7D0；本机端口号设置为 2465，转换为十六进制数是 9A1（本机的端口尽量选择未占用的端口，可打开运行界面，输入 cmd 命

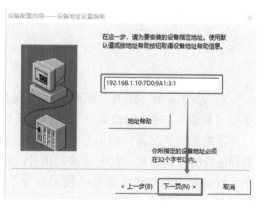

图 11-44　设备地址设置

215

令，单击"确定"按钮，进到命令行，输入 netstat-an 命令敲回车键查看，端口使用情况尽量避开重复使用端口）；超时时间设置为 3s；通信方式为 TCP。所以，本项目的设备地址设置为 192.168.1.10：7D0：9A1：3：1。

2）创建和 PLC 连接的变量。在"工程浏览器"窗口左侧的标签栏找到"变量"，双击"新建"，进行如图 11-45 所示的变量创建。组态王中含有内存变量与 I/O 变量两种。I/O 变量属于外部变量，是组态王与外部设备或其他应用程序交换的变量。这里"变量类型"选择"I/O 离散"，"连接设备"选择为之前新建要通信的设备（三菱 FX5U），"寄存器"选择对应的字母，后面还要加上自定义的序号。例如，启动按钮 X0 变量的创建如图 11-45 所示。用同样的方式创建停止按钮 X1，以及指示灯输出 Y0~Y5，要注意"读写属性"选择"只读"。

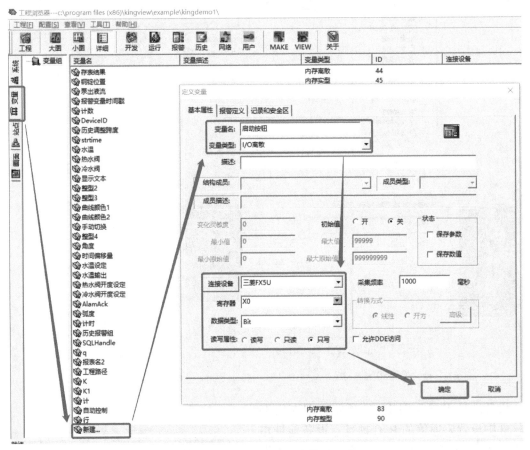

图 11-45　启动按钮 X0 变量的创建

3）绘制画面。在"工程浏览器"窗口左侧的标签栏中单击"系统"，找到"画面"，双击"新建"，对"画面属性"进行定义后即可画图。

在右侧"工具箱"中单击"图库"图标，在弹出的对话框中单击"按钮"，在右侧图区中选择适合的按钮图片，双击该按钮图片，在绘制区单击需要放置按钮的位置，如图 11-46 所示。双击创建的按钮，弹出"按钮向导"对话框，单击"变量名"文本框后面的"?"按钮，弹出"选择变量名"对话框，选择"本站点"→"启动按钮"，单击"确定"按钮，在"按钮向导"对话框中编辑"按钮文本"为"启动按钮",并且可以修改"灯填充颜色"和设置"动作"效果等,如图 11-47 所示。用同样的方式设置停止按钮。

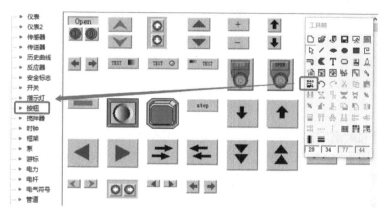

图 11-46　绘制按钮

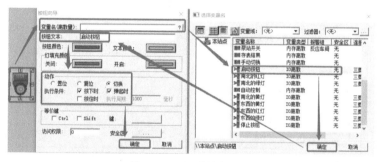

图 11-47　起动按钮设置

在右侧"工具箱"中单击"图库"图标,在弹出的对话框中单击"指示灯",在右侧图区中选择适合的指示灯图片,双击该指示灯图片,在绘制区单击需要放置指示灯的位置,如图 11-48 所示。双击创建的指示灯,弹出"指示灯向导"对话框,单击"变量名"文本框后面的"?"按钮,弹出"选择变量名"对话框,选择"本站点"→"南北的红灯",单击"确定"按钮,在"指示灯向导"对话框中编辑"颜色设置",如图 11-49 所示。用同样的方式设置其他指示灯。

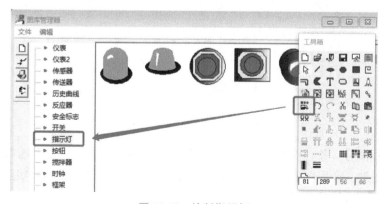

图 11-48　绘制指示灯

217

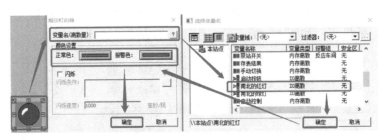

图 11-49　指示灯设置

建立好变量和画面后，保存画面，在工程浏览器的工具栏中单击"运行"按钮，进行自定义设置，如图 11-50 所示。单击 VIEW 按钮运行组态王，运行结果如图 11-51 所示。将 PLC 和计算机通过网线连接，组态王即可通过组态界面监控 PLC 了。

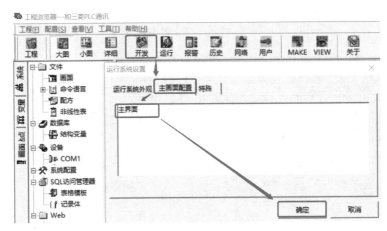

图 11-50　运行设置

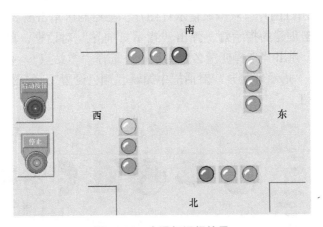

图 11-51　交通灯运行结果

进行上述操作后，务必检查：①PLC 端口号是否设置；②若是以太网端口直接连接，IP 地址设置是否正确；③程序下载完，是否对 PLC 进行复位或断电操作；④组态王的设备地址、输入画面、本机号。

11.5.3 三菱 FX5U PLC 与智能手机以太网通信

安卓手机组态软件测试工程对三菱 FX5U 数字量输入实现读操作，继电器输出实现读/写操作，保持寄存器实现读/写操作。

1. 三菱 FX5U PLC 设计

根据项目要求，需要对 PLC 进行网络参数设置，步骤如下：

1）新建工程。

2）设置以太网通信端口 IP 地址：如图 11-36 所示，本项目 PLC 的 IP 地址为 192.168.1.10。

3）对象设备连接配置设置：双击"对象设备连接配置设置"，弹出"内置以太网端口"对话框，在对话框右侧的"以太网设备（通用）"中找到"MODBUS/TCP 连接设备"，将"MODBUS/TCP 连接设备"拖动到左下侧本站网络上，如图 11-52 所示。这样就建立好了一个 MODBUS/TCP 服务器设备，三菱 FX5U 作为 MODBUS/TCP 服务器，连接了一个 MODBUS/TCP 客户端。如果需要同时连接多个 MODBUS/TCP 客户端，可以如上述步骤继续添加"MODBUS/TCP 连接设备"。

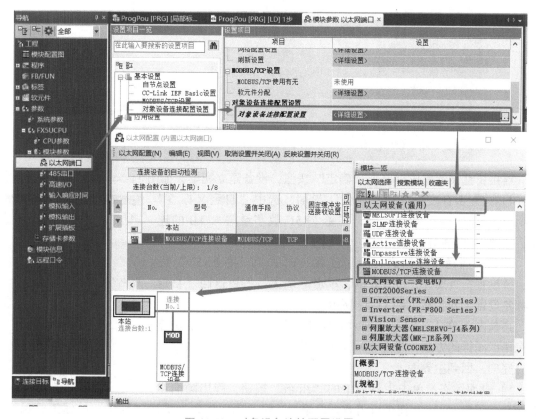

图 11-52 对象设备连接配置设置

4）保存设置：单击"反映设置并关闭"按钮，即保存设置并返回到上一级窗口，单击"应用"按钮，使得设置的参数得以保存。单击"工程"下拉菜单中的"另存为"命令，保存工程。

5）下载 PLC 程序：使用网线将三菱 FX5U 和无线路由器连接在一起，并保证计算机和三菱 FX5U 处在同一局域网之内。

2. 安卓手机组态软件测试工程的建立

根据项目要求，需要在安卓手机上组态监控界面，步骤如下：

1）安卓手机组态软件的安装：安装 ModbusSCADA 的 App。安卓手机组态软件的手机或者平板电脑必须要和三菱 FX5U 处于同一局域网。

2）安卓组态软件的起动：双击打开安卓手机组态软件，如图 11-53 所示。

3）建立设备：单击"设备"按钮进入到"设备"界面，单击"+"按钮进行设备添加，如图 11-54 所示。

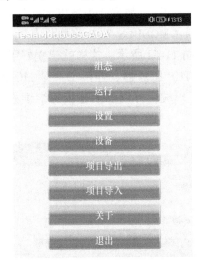

图 11-53　安卓组态软件界面

图 11-54　添加设备

连接属性设置完成后单击"确定"按钮，设备建立完毕，如图 11-55 所示。

4）建立 I/O 变量：在"设备"界面，选中"自定义标签"选项卡，单击"+"按钮，进行三菱 FX5U 数字量输入 X0 的连接，如图 11-56 所示。

单击"选择"按钮进行变量连接，选中"三菱 FX5U"设备，并设置指针属性，设置好后，单击"确认"按钮返回"自定义标签设置"对话框如图 11-57 所示。

图 11-55　设备建立完毕

再单击"确认"按钮回到"自定义标签"界面，X0 变量建立完毕。同样的方法，建立 Y0、D0，如图 11-58 所示。测试变量建立完毕，回到主界面。

5）画面组态：单击主界面中的"组态"按钮，弹出画面组态窗口，单击"+"按钮进行组态画面添加，输入画面参数，单击"确认"按钮进行保存，回到组态画面建立界面，单击名称为"三菱 FX5U"的画面，进入画面组态，如图 11-59 所示。

监控 X0：在画面组态界面单击"+"按钮进入到图库，"自定义标签"文本框中填写"X0"，其他参数默认，单击"确定"按钮，回到画面组态界面，再从图库中选取"文本"控件，输入"X0"，如图 11-60 所示。同样的方法，建立 Y0 的监视。

图 11-56 建立变量

图 11-57 建立 X0 变量

图 11-58 变量建立完毕

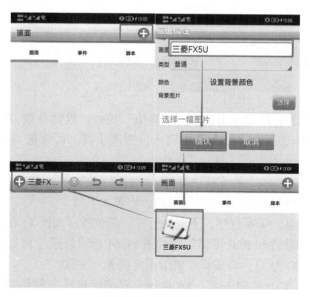

图 11-59 画面组态

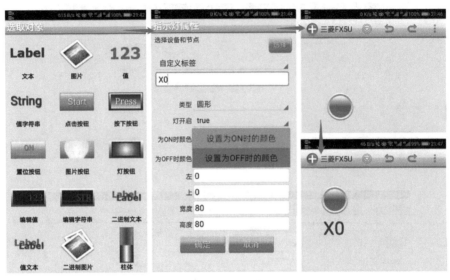

图 11-60　图库

建立按钮控件，对 Y0 进行置位、复位操作：从图库中选中"单击按钮"控件，设置按钮置位、复位参数，如图 11-61 所示。

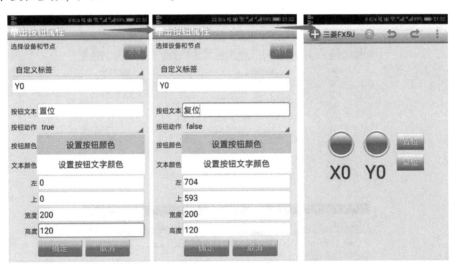

图 11-61　按钮控件设置

监控保持寄存器 D0：从图库中选中"编辑值"控件，设置参数，单击"确定"按钮回到组态界面，如图 11-62 所示。组态基本完成，图库丰富，可根据自己需求进行其他美观设计。

3. 安卓手机组态软件和三菱 FX5U 联调

将上面网络设置和组态好的设备进行联调，步骤如下：

1）三菱 FX5U 上电，编写程序，下载并监控。测试程序如图 11-63 所示。

2）安卓手机组态软件和 PLC 测试工程如图 11-64 所示。通过 PLC 的监控界面可知，X0 为 OFF、Y0 为 ON、D0 为 11，与安卓手机组态界面显示一致。

将 PLC 外部连接的 X0 按钮按下，X0 接通，安卓手机组态软件界面的 X0 状态改变为

ON；在安卓手机组态软件界面将 D0 赋值 12，观察到 PLC 监控界面上的 D0 数字变为 12，如图 11-65 所示。

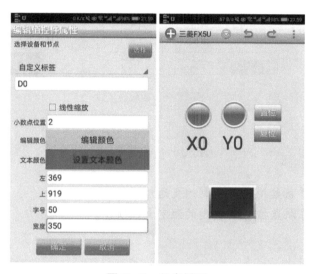

图 11-62 组态界面

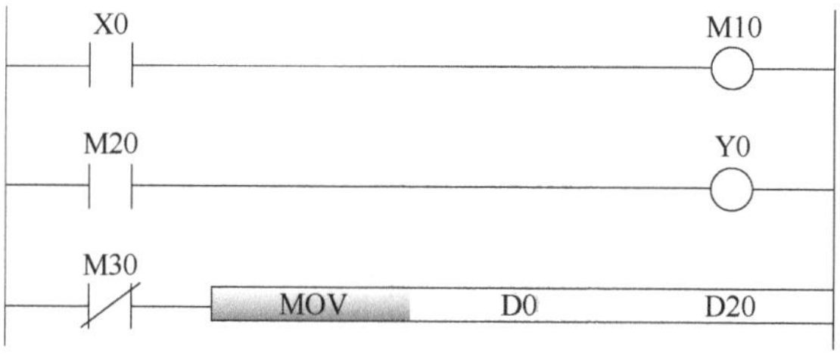

图 11-63 安卓手机通信测试程序

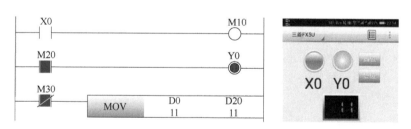

图 11-64 安卓手机组态软件和 PLC 测试

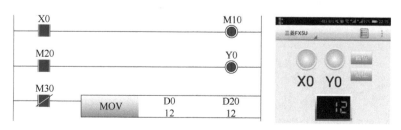

图 11-65 测试 X0 和 D0

在安卓手机组态软件界面单击"复位"按钮，通过观察监控软件 Y0 复位成功，如图 11-66 所示。

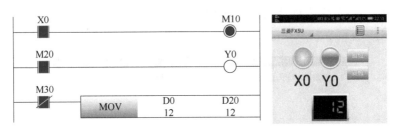

图 11-66　复位 Y0

 习题与思考题

11-1　通过安卓手机监控 PLC 控制的交通灯项目。

11-2　通过安卓手机监控 PLC 控制的温室大棚项目。

参 考 文 献

［1］曹菁．三菱 PLC、触摸屏和变频器应用技术项目教程［M］.2 版．北京：机械工业出版社，2017.

［2］牟应华，陈玉平．三菱 PLC 项目式教程［M］.北京：机械工业出版社，2017.

［3］张文明．嵌入式组态控制技术［M］.2 版．北京．中国铁道出版社，2015.

［4］王一凡．三菱 FX5U 可编程控制器与触摸屏技术［M］.北京：机械工业出版社，2019.

［5］杜逸鸣．电气控制与可编程序控制器应用技术［M］.北京：机械工业出版社，2014.

［6］三菱电机自动化（中国）有限公司．三菱 FX5U PLC 编程手册［Z］.2021.